U0213453

W
文明奇迹
ONDERS OF THE WORLD

亚历山大·卡坡蒂菲罗等/编著
程伟民　徐文晓　徐嘉/译

中国大百科全书出版社

Wonders of the World

©2004, 2008 White Star S.p.A. Via Candido Sassone, 22/24, 13100 Vercelli-Italy

本书中文简体版经意大利白星出版社授权，由中国大百科全书出版社出版、发行。

图书在版编目（CIP）数据

文明奇迹/（意）卡坡蒂菲罗等编著；程伟民等译
. --北京：中国大百科全书出版社，2013.6
ISBN 978-7-5000-9190-5

I. ①文… II. ①卡… ②程… III. ①建筑艺术—世界—普及读物 IV. ①TU-861

中国版本图书馆CIP数据核字（2013）第120677号

出　品　北京全景地理书业有限公司
策　划　陈沂欢
责任编辑　徐世新　韩小群　马晓茹
地图编辑　程　远
责任印制　乌　灵

EDITED BY Alessandra Capodiferro
TEXTS: Flaminia Bartolini, Maria Eloisa Carrozza, Beatrix Herling, Guglielmo
　　Novelli, Miriam Taviani, Maria Laura Vergelli
PROJECT EDITOR: Valeria Manferto De Fabianis
COLLABORATING EDITORS: Maria Valeria Urbani Grecchi, Giada Francia,
　　Enrico Lavagno, Alberto Bertolazzi
GRAPHIC DESIGN: Paola Piacco
TRANSLATION: Timothy Stroud

出　　版　中国大百科全书出版社（北京西城区阜成门北大街17号 100037）
　　　　　网址：http://www.ecph.com.cn　电话：(010) 88390718
发　　行　新华书店总经销
印　　刷　北京华联印刷有限公司
制　　版　北京美光设计制版有限公司
开　　本　720mm×1000mm 1/16
印　　张　20
字　　数　114千字
版　　次　2013年7月第1版
印　　次　2013年7月第1次印刷
书　　号　ISBN 978-7-5000-9190-5
定　　价　68.00 元
审 图 号　GS (2012) 1539号
图　　字　01-2013-1748

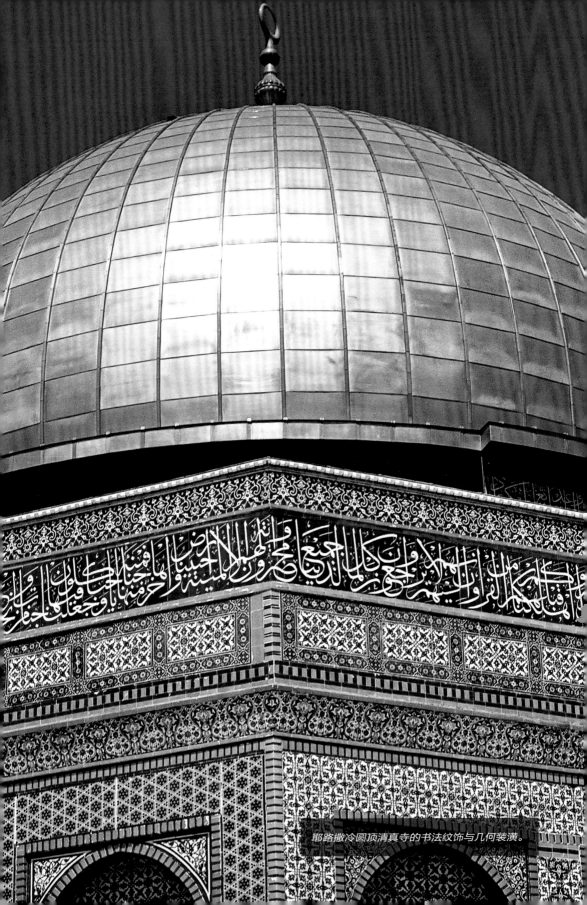

耶路撒冷圆顶清真寺的书法纹饰与几何装潢。

吉萨金字塔中的三座：门卡拉金字塔、
哈夫拉金字塔和胡夫金字塔。

罗马的标志——斗兽场。

巴塞罗那神圣家族教堂的尖顶。

修缮后的柏林国会大厦圆顶。

Contents 目录

前言 *Foreword*

对于任何一个想穿越时空，游览建筑奇迹的人，世上都存在着许多可能的旅行路线。无论是欣赏最古老的巨石建筑遗迹、中世纪的建筑艺术精品，还是穿梭于现当代的建筑典范，都加深了我们对人类智力以及创造力的理解。

"巍峨的可容战车奔驰的巴比伦城墙，阿尔菲奥斯河北岸的宙斯雕像，巴比伦的空中花园，罗德岛的太阳神巨像，高大的金字塔，摩索拉斯王的陵墓，我目睹一个个奇迹，心驰神往；然而当我看见那高耸入云的阿尔忒弥斯神庙，其他奇迹都黯然失色，连太阳神也震惊，奥林匹斯山之外竟有能够与自己匹敌的殿堂。"

得益于公元前4世纪西顿的安提帕特的隽语，巴比伦城墙与空中花园、奥林匹亚的宙斯神像、罗德岛的太阳神巨像、吉萨的金字塔、哈利卡纳苏斯的摩索拉斯陵墓，以及以弗所的阿尔忒弥斯神庙，位列最早的古代七大建筑奇迹。到了中世纪，七大奇迹的名单变动不大，只是其中的巴比伦城墙被亚历山大灯塔所取代。

"theamata"（意为"值得观看之物"）和"thaumata"（意为"非凡之物"）总是吸引探索的心灵。公元前5世纪中叶，显赫的巴比伦城和壮观的埃及金字塔给希罗多德留下很深的印象，他把这二者看作东方文明的活生生的象征。惊愕之余，他深深赞叹这些被他视为奇观的建筑，它们和其他被古典传说记录下来的建筑同列"七大"的奇迹，无一例外地体现了平衡、庄严和美。

除了被希腊和拉丁作家单独记载，在希腊化时代，这些令人赞叹崇拜的建筑开始被陆陆续续地收入一些知名典籍，并在罗马和中世纪时期被多次修改。文艺复兴时期，当岁月这位

"最伟大的雕塑家"将古代令人惊叹的建筑变为易碎而诗意的遗迹之际，学者们通过研究和选择早期材料，建立了他们自己对古建筑的分类目录。

永恒是不存在的，即便是"七大著名奇迹，在未来的某个世纪，如果人类野心勃勃想要建起更宏伟壮观之物，它们也终将归于尘土"。

在这些古代奇迹中，只有金字塔留存至今。

囊括古老的千百年前建筑和现代建筑的名录编纂工作从古代延续至今，其中包含的建筑与遗迹修建于不同历史和文化背景下，它们在观念上的力量足以赋予其象征价值。

人类是认知主体，处在整个组织系统的中心，"除了感叹自然以及其他人在自然的大地上留下的景观之外，人们也在不停地思考自己赖以生存的这个世界"。在人类创造的景观中，幸存下来的建筑似乎都是不朽的，不论它的样式是被后世吸收还是批判。它们的存在就是其价值所在——而且留存时间越长，影响越深远。

总而言之，改造环境是人的天性与才能。人们运用观察力，发挥聪明才智，搜索资源，满足自己的需要，让现实不断接近自己希望的目标。

"在漫长的旧石器时期，人类调整自己适应环境，渐渐地，人类的活动踪迹遍布全球。到了新石器时代，人类调整环境满足自己，着手耗时的工程（有些周期特别长），开始改造地球。"

这是本质的转变，"人类历史上最深刻的转折点之一，无疑就是史前社会转向全新历史时期的那一刻……最早的摇篮……为考古发现所证实的，是在近东：先是埃及，接着是美索不达米亚。今天，人们则相信演化是多中心的，研究也应该尽可能多元，避免先入为主的分类"。

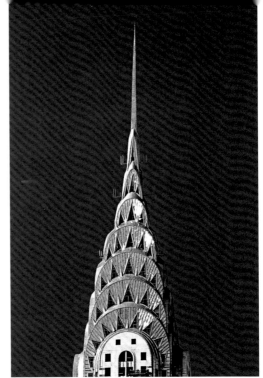

　　起先，人们在自然环境中创造建筑，"到了新石器时代末期"，建筑的发展出现了连贯、复合和分化的基础，形成了"建筑遗产的统一性和多样性"（Benevolo & Albrecht）。由于与人类活动密切相关，建筑通过外部空间和包括我们自身在内的内部空间的联系，唤起了人们无尽的情感。

　　本书提供了一次建筑奇迹的巡礼，路线是三个旧大陆（非洲、亚洲和欧洲）和两个新大陆（美洲和大洋洲），时间是从史前到现代，发现不同文化背景下的重要时刻。书中那些建筑照片，把历史带到眼前，可以让我们对建筑有更直观的感受。

　　时光流逝，2 000年过后，我们再度回到建筑名录编纂的主题，但是这次的名单要扩充数十倍。尽管没有明确的数目，但是这些令人惊叹的典范作品，在样式上都深具创新色彩且广受争议。

　　本书介绍的建筑，既有因永恒内涵而深入人心的历史建筑，也有新近造就的、让我们感到将揭示未来的奇迹。书中传递一种观念——现在的局限是应该被超越的。为未来而建，这些作品就是人类观念的现实化，这些具体符号的魅力就在于体现了人们对永生的追求。

　　阅读本书会产生一种旅行的印象。这不仅仅是因为我们体验着由某地激发的物质或精神上的感受，或体会着渗透其中的氛围，还在于书中的照片传递出了真切感。由此，我们可以愉快地游历一个熟悉的国家或心仪的地方，捕捉到以前没有察觉的细节；或者可以轻松地享受发现一个陌生的地点，心知某一天将去探访。

　　本书是若干人的成果。除了撰稿人以外，书中北美洲、大洋洲部分的序言还来自一位想象丰富、富于诗情的人士，只是他更乐意隐姓埋名。说到我在研究和兴趣方面用到的书，我必须要提及我在罗马美国学院（the American Academy in Rome）进行的广泛研究，尤其是对图书馆的利用。编写这本书要付出努力和承担责任。其间，我常常被研究的快乐所激励，被出版社精益求精、不惜增加投入的诚意所感染，被和我一起工作的人（其时我的身份是考古学家）及身边的人所鼓励。感谢所有人，特别是保罗，谢谢你。

欧洲 Europe

撰文 / 亚历山大·卡坡蒂菲罗

要理解欧洲文明发展和成熟的长期过程，可以从一系列考古学证据中获得启发。作为欧洲精神凝聚和欧洲文化的一个基本组成要素，希腊和罗马的历史超越时空界限，也是更加广阔的文化视野中的一部分，包括更早的和同时代的文明。

建筑和自然环境互动，人类工程持续不断，因此，无论它们是幸存至今还是在时间和事件中湮灭，都为我们提供了一种了解过去并更好地理解现在的方式，也帮助我们规划未来。

英国南部索尔兹伯里平原上的巨石阵是第一个场景。砂岩石，壮观的巨石阵，证明人类可以建造大规模的建筑，占领一个地区并改变它的面貌。这种人类首次发现的能力在新石器时代得到发展，但是巨石阵还不是现代的形式，直到公元前2000年的青铜器时代，欧洲最早的文字雏形在希腊发展起来，欧洲才进入新的历史时期。

希腊迈出的步伐决定了西方建筑2 000多年的发展。希腊建筑的特征在于和自然环境的精心嵌合、象征性、表现力、视觉上的工巧和构造技术。这些方面在独特的智力创造过程中得到发展，深深地扎根于古希腊不同历史时期的发展中。

神庙自然是最重要的建筑类型。里面狭小的内殿，被封闭起来专门保存供膜拜的神像，使得它被定义为"非建筑的典型范例"，就像意大利评论家布鲁诺·赛维所说，因为其重点在于雕塑的质量。另一方面，对神庙体量的仔细斟酌，对细节而非仅仅局限于风格差异的鉴赏力，以及功能上的可辨识性，使得希腊神庙和它的自然背景处于一种有意义的空间关系中。人类通过自然的秩序和环境相连，并且阐释他们决定建造的个体空间的"特点"。

罗马建筑的多样性以及类型的革新，与巨大墙体、拱门和拱顶的建造新技术相结合，使得建筑内部成为结构最重要的特征。罗马人在铺设道路网络、修建大型公共建筑时，首要考虑的是：建造一个宏大的建筑；城市之中建筑的融合；在城市中设立纪念意味的场馆，可以为户外空间提供指示。建设包括了社会主题，就是建筑乃为功能原因和公众利益而建，人们可以在其中生活和交往。

公元313年颁布的《米兰敕令》宣布信仰自由，加强了基督教的传播，使教堂成为人们聚会交流的主要场所。几个世纪以来，教堂也是欧洲建筑最重要的形式。

罗马神庙较少反映出宗教性质，更多为公众空间，早期基督教堂则是礼拜者聚会和祈祷的地方。这些建筑通过表面和自然光的处理在教堂内部产生了一种"虚无"的效果，增加了场所的精神性。最初的教堂平面图是纵长的、定向的，但随着拜占庭式圆形平面图的出现和早期基督教堂空间的膨胀，使得建筑内部活动更加活跃而富于变化。拜占庭式建筑逐渐向空间的统一性进行演化，并以圆形空间和穹窿顶为结晶，其影响遍及整个东方。

罗马式建筑一定程度上预示着体量较小的建筑，它的出现是极具革命性的。它创造出复杂的教堂、修道院和城堡，其中结构部件的连接决定并调和了建筑物的体量、分布和容积。

高塔作为保护和超越的象征被广泛用于强调垂直维度，它可以成为主建筑的局部，或者

单独存在。尽管在各国有所不同，还融入了本地流派的想法，但罗马式建筑时期普遍存在于欧洲文化当中。

哥特式建筑终结了罗马式建筑的发展轨迹。12世纪到15世纪的法国、英国和德国，建筑由飞扶壁和流行的圆拱加固，通过刺向天空的尖拱减轻重量，以十字形和向上的线条界定轮廓，建筑随着高度增加而变细，努力在内部和外部之间建立空间的连续性。水平和垂直这两个相对的方向都使用宽度衡量（带有两个或四个侧廊的中殿），而整体空间与人体尺寸相联系。这是一面"世界的镜子"，通过它们的装潢和纹饰，哥特式主教座堂为会众阐释《圣经》和福音书上的故事。

如今建筑史学者已经证实了哥特式建筑和文艺复兴建筑之间并不像人们预设的那样存在明显的鸿沟，但广为接受的看法是，文艺复兴代表了人与建筑的崭新关系，并为建筑现代观念奠定了基础，即人是建筑空间的所有者。把这一空间缩减为单独的单位（如一个圆形空间）便于对它进行控制，然而对于建筑设计来说，其完整性决定了在品质不受到损害的情况下，任何移动、添加和修饰都不可能发生。

15世纪，纯粹与规范之美的观念开始发展；16世纪，这一概念成为古典主义文化的基础。其结果是，宗教建筑与非宗教建筑的对称性、可塑性和比例协调程度在不断增长。

神性圆满的观念在自然和人类领域中得到反映，它在文艺复兴时期的人们心中培养出和谐宇宙秩序的概念，也传达到建筑作品中，引发了宇宙中人类内心的智力与道德秩序的危机，建筑朝着自己空间中人的"情感"参与发展，最后以极致的巴洛克式建筑告终。

大约18世纪中期，欧洲巴洛克最兴盛的时期终结。反对旧秩序的革命浪潮汹涌，潮流从强调建筑的宏伟或宗教方面转向社会主题（主要是住宅或厂房），工业革命的发展，专断和形式在建筑风格上的回归，以及各种建筑复兴的折中主义最终产生了现代建筑。

数世纪以来建筑的各种尝试如今可以作为"存在"形式使用：在空间自由移动，现在，人可以在他想要居住的地方创造自己的空间。

作为一个表述欧洲文化发展的途径，基督徒诺伯格－舒尔茨把建筑的重要性归纳如下：

建筑是一个有形的现象。

它包括风景和定居地、建筑物和发展，因而是一个活生生的实体。自远古时代起，建筑就帮助人类存在下去。

透过建筑，人创造出时间和空间的平衡。因此，建筑应对的概念超越实际需要和经济。它应对的是存在的意义，而这些意义是从自然、人类和精神现象中获得的。建筑把它们翻译成空间形式……建筑必须被理解为有意义的形式。

建筑的历史就是有意义的形式的历史。

**Stonehenge
Great Britain
Salisbury**

巨石阵
英国 —— 索尔兹伯里

撰文 / 米里亚姆·塔维亚尼

18～19 大约在1136年，蒙茅斯的杰弗里最早试图理解巨石阵的意义。在他的《不列颠诸王史》一书中，他把巨石的治疗功能归因于一种长期建立起来的大众信仰。仅仅在8世纪末，有人曾进一步提出天文学方面的解释，这一领域在今天得到了长足的发展。巨石的排列不是纯粹的几何问题，而是关系到太阳和月亮在至日的升落。

索尔兹伯里平原上被称为巨石阵的巨石遗迹是欧洲最著名且最富有戏剧性的。尽管它们规模范围庞大，但其实只是最初的建筑群中的一小部分。巨大的环状列石只是一系列同心圆中的中心一圈，这些同心圆建于不同时期，功能各异。

公元前3000年末期，巨石阵地区只是直径约91米的土方和堤防；内部有50个左右的小坑，推测是依照火葬仪式用于埋葬目的。

公元前3000年末到公元前2000年初期，一个巨石结构竖立起来，由两排直立的巨石构成环形，所用的岩石是一种发蓝的火山岩，来自300多千米之外的一个地区。巨石运到这里只是用于石环的建造。但是只有一小部分留存至今，也可能整个结构从来就没有能够完工。

公元前2000年开始，由约30块巨石构成的环形竖立在之前存在的环状列石中，巨石之间有石头楣梁连接。五块马蹄铁状巨石竖立在这个圈内；中心一块平躺的巨石叫作祭坛石。这最后一个建造时期所用的砂岩是本地所产，或者来自早期的环状列石。一条大道穿过土方和堤防，路边矗立着踵石和牺牲石。

巨石阵持久的魅力在于它所用的建造技术的神秘性——很难解释重逾50吨的石块是如何从远处运送过来的，又如何举到这样的高度，以及建造的目的何在。石头的朝向好像暗示着作为宗教仪式一部分的天文功能。毫无疑问，太阳在夏至日升到踵石之上时，巨石阵散发出无与伦比的原始魅力。

帕特农神庙是雅典卫城最著名的建筑遗迹，更广泛而言，是古希腊最著名的建筑，落日余晖更加衬托出它的力量。

帕特农神庙
希腊 —— 雅典

撰文／弗拉米尼亚·巴托利尼

The Parthenon
Greece
Athens

　　雅典卫城最著名的建筑遗迹是奉献给雅典娜女神的帕特农神庙。雅典文明的辉煌、雅典娜的传说、雅典的民主制度和教化蛮族的功绩，都在它的装饰中得以体现。

　　神庙由伯里克利下令修建，始建于公元前447年，竣工于公元前432年。负责的建筑师是伊克提诺斯和卡利克拉特，雕塑家菲狄亚斯主持建筑和装饰工作。该建筑是一座巨大的多利克围柱式神庙，完全由潘太里克大理石建成。这座矩形建筑在其短的一面有8根柱子，长的一面有17根。柱廊之内是内殿所在，分为神殿和神殿后的柱廊两部分。神殿中曾经有菲狄亚斯用黄金和象牙雕刻的雅典娜雕像，如今仅存几个小型仿制品。雕像位于一个侧廊中，侧廊两侧各有9根廊柱，另有3根柱子沿后墙而立。神殿后的柱廊由两排廊柱分成两部分，每排两根，廊柱的尺寸和神殿立面的柱子大小相仿，神殿中的柱子则稍小一些。两个房间之前是六根廊柱的门廊，带有一个有装饰的木质屋顶。

21 帕特农神庙还保持着最初的辉煌。它是一座巨大的多利克围柱式神庙，长70米，宽30米，通过古代的美学规范呈现出一种和谐之美。

22上 帕特农神庙西侧仍保留着菲狄亚斯装饰性雕刻的局部。原来的山形墙表现了波赛冬和雅典娜争夺阿提卡的所有权而进行的战斗。

22下 镶嵌在帕特农神殿东侧山形墙中的横饰带几乎完全消失。它描绘的是雅典娜在众神面前从宙斯的头部诞生的过程。

神庙的装饰包括楣梁上的排档间饰、山形墙上的雕塑和内殿墙上的横饰带。神庙西侧的排档间饰表现的是与亚马孙之战（袭击亚马孙部族的战斗）的场景；南侧是拉皮斯人和人头马的战斗；东边的一侧是奥林匹斯诸神和泰坦巨人之战；北侧则是希腊人和特洛伊人之战。通过在诸神的神话之战中表现自己，希腊人表示他们已经开启了一个全新的时代。帕特农神庙西侧山形墙上的整幅浮雕表现的是波塞冬和雅典娜的冲突；东侧则是雅典娜从宙斯头部诞生的过程。菲狄亚斯著名的横饰带环绕内殿的四面外墙，终止于神庙东侧的众神面前，展示了一个漫长的仪式流程。艺术史家对横饰带的诠释大相径庭：它可能代表第一个泛雅典娜女神节的过程，亦或是神庙落成典礼的标志性流程。

帕特农神庙第一次被毁是在公元前295年，马其顿国王德米特里一世征服了雅典卫城。公元6世纪，神庙变为一个天主教堂，东侧的装饰改成了拱顶和钟楼。1460年，随着奥斯曼土耳其征服希腊，教堂被改为清真寺，钟楼又成了宣礼塔。在希腊摆脱奥斯曼土耳其统治的独立战争中，神庙成了要塞堡垒，随后又变成军需仓库。1687年该建筑经历了两天威尼斯人炮火的轰炸，神庙基底围柱列中的14根、内殿墙壁、许多排档间饰以及北面和南面的部分横饰带都坍塌了。1802～1804年，33艘满载神庙雕像和横饰带石板的船只开往伦敦。额尔金伯爵的这种行为得到了当时奥斯曼土耳其政府的获准，由此开始了一场大理石法律所有权的纠纷，这场纠纷持续至今。1834年，雅典卫城上的古代遗迹摆脱了围绕着它们的现代建筑和结构。1930年的修复工作中，倒塌的石柱被重新竖立起来。

The Partheon
Italy
Roma

万神殿
意大利 —— 罗马

撰文 / 弗拉米尼亚·巴托利尼

万神殿建于哈德良在位时期。在当时，殿外楣梁的横饰带上加上了铭刻，而这一铭刻原本属于阿戈利巴于公元前27至公元前25年所建的神庙。阿戈利巴是奥古斯都时期罗马城市和建筑重建方面的重要人物，并负责战神广场中心区域宏大改造工程的设计和施工。第二条铭刻位于第一条之下，记录了公元202年在罗马皇帝塞普蒂米乌斯·塞维鲁和他的儿子卡拉卡拉的命令下对万神殿进行的修复工程。

"万神殿"是历史学家狄奥·卡西乌斯留给我们的名字。它的字面意思是奉献给诸神，卡西乌斯又从穹顶与天穹的相似性推测出这一结论。但也有可能阿戈利巴的建筑是献给战神马尔斯的，万神殿只是常用的名字，而哈德良保留了它而已。哈德良把这个建筑变成了帝国的大厅，他可以和元老们在其中商议朝政。

最早的神殿呈长方形，坐北朝南，由混凝土建成，公元80年遭受火灾后由图密善重修。万神殿在图拉真在位时的第二场大火中被毁，之后完全重建。公元125年哈德良的重建从根本上改变了早期的建筑：立面转了180度朝北，圆形大殿建在了最初大殿前面的空地上。

万神殿现在的样貌完全不同于哈德良时代的版本：镶嵌着廊柱的柱廊朝向广场，鼓状穹顶高高耸起，遥遥可见。这些特征令万神殿与众不同。圆形的建筑主体曾经被其他建筑环绕，而座落于台阶之上的宏伟立面前曾是一个三面都有柱廊的长条形广场。著名的圆形大厅藏于拱廊之中，从外面是看不见的，从内部可以更好地瞻仰。它是一个直径约44米的巨大的独立圆形空间，顶部冠以半圆的穹顶。

门廊的外层立柱由八根整块的灰色花岗岩组成，置于白色大理石柱基上，上面冠以科林斯式柱头。内侧的立柱由粉色花岗岩凿刻而成，形成三个通道：通向

24左 万神殿的立面有一个纵深的门廊和一个冠有山形墙的柱廊。

24右 从照片可以看出，内殿的基础圆柱体最终向上变成一个环状围绕的穹顶。

万神殿大门的中间通道比两侧的通道更宽，两侧通道的巨大壁龛中曾经安放着奥古斯都和阿戈利巴的雕像。这个巨型门廊以砖垒建的前庭和圆形大厅相连，巨大的砖石屋顶上铺设着大理石。青铜大门是古代的，但经过了大幅修缮；它可能不是最初的大门。

为了减轻负荷，圆形大厅（高约22米，厚约6米）的墙壁以特殊的建筑方式建成，随着高度逐渐提升而使用越来越轻的材料，直至围绕穹顶圆孔使用的小块火山岩。一系列巨大的拱形支撑着整个结构，由放射状扶壁加固。它们把重量分散到八个巨大但部分中空的支柱上，在大厅内部用砖石结构组成八个巨大的壁龛（包括开敞式对话室和入口）。半圆或矩形的开敞式对话室与柱上的八个小亭子互相交替，每个开敞式对话室都含有三个壁龛，并矗立在两根刻有凹槽的整块蓝色或古代的黄色科林斯式立柱后。

大部分地板都是原物，由多种颜色的大理石等石材制成，按照正方形的对角线和正方形内切的圆排列。完美的半圆形穹顶直径约43米，由一整块单独的结构组成。它是有史以来使用砖石结构建造的最大的穹顶。穹顶的内侧面分为逐渐变细的五列，同心藻井（每列28个）延伸到屋顶，变成一个光滑的带状圆环。穹顶"神眼"的直径约为9米。穹顶的外侧面装饰着七层环状台阶，但从地面只能看到最高的部分。建筑的比例堪称典范：圆柱体和穹顶的直径相同，遵循着阿基米德的对称性原理。

万神殿历经数次洗劫、改造和修缮，完好保存至今，部分原因是因为拜占庭皇帝佛卡斯于公元608年把它当作礼物送给教皇卜尼法斯八世。教皇将它变成一个教堂，命名为圣母玛利亚与诸殉道者教堂。

25 万神殿的内部表面用曲线、长方形和圆形的壁龛创造出光与影的变化。围绕着穹顶圆孔的藻井同心环也发挥了作用，使光线可以透过圆孔进入建筑。

斗兽场
意大利 —— 罗马

The Colosseum
Italy
Roma

撰文 / 弗拉米尼亚·巴托利尼

26 从帕拉蒂尼山丘向下望，斗兽场出现在双层柱廊的灰白色的混凝土立柱之间。这个双层柱廊围绕着维纳斯罗马神庙。

27左上 从斗兽场内部的轴测法复原图上我们可以看到地下层和四种外部柱式，它们与观众席的五个区域对应。

26～27和27右上 圆形剧场的地下房间在1938～1939年被完全发掘。三个同心圆走廊围住三个更加匀称的走廊，它们和中心通道平行。中心通道延伸到外部，通向角斗士的营房。

罗马皇帝韦帕芗（公元69～79年在位）下令建造圆形剧场，即今天所知的斗兽场。他的儿子提图斯于公元80年见证了工程完工。斗兽场所在地曾是尼禄为他的别墅金宫而建的人工湖。金宫坐落于威利亚山（Velian hill）顶上，位于奥庇乌斯山（Oppius hill）和西莲山（Caelian hill）之间。圆形剧场的存在改变了这一地区的地形。它的修建部分出于政治考量，是为了归还公众一个曾经被非法占用的区域。"斗兽场"一名始于公元8世纪，因为圆形剧场靠近一个巨大的尼禄金像（意大利语中的"斗兽场"意为"巨大"），这座金像矗立在金宫的中心。依照尼禄死后对他实施的除忆诅咒，哈德良把雕像改成了太阳神赫利俄斯。斗兽场是为角斗士格斗和斗兽而设立的。虽然皇帝霍诺留于公元402年废止了角斗士格斗，但格斗在罗马帝国依旧非常流行。圆形剧场有四种柱式的混凝土拱廊，由方石筑成，通体高约52米。前三种柱式构成半圆形拱廊：塔司干柱在第一层，爱奥尼柱是第二层，科林斯柱第三层。第四层由科林斯壁柱分开，柱子之间用木棍支撑巨大的帆

布顶棚，保护观众免遭日晒。四个通往观众席的入口沿着椭圆形的轴线而建，主入口建在北侧。外部的四种柱式对应着观众席的不同区域。座次按照社会阶层来划定，内部通道可使观众迅速到达或离开座位。紧靠观众席的大理石座位是留给元老们的；其次的十四排砖石砌成的座位供贵族使用，一直向上到最上一排木制的座位，是为社会地位最低的女性而设。台阶上的题款至今可辨，元老的位置上刻着每个人的名字，其他的座位只是写着通用的社会阶层的名字。斗兽场的地下通道是供服务人员使用的。对斗兽场的第一次修缮是安东尼·庇护在位期间，继公元217年的大火之后。另外几场火灾发生在公元250年和公元

28 斗兽场位于帕拉蒂尼、埃斯奎里和西莲山丘之间的山谷，这里最初是一个巨大的人工湖——尼禄湖。

28～29 斗兽场于公元80年完工，但直到公元8世纪它才被称为"Colosseum"。这个名字可能源于该地区一座巨大的尼禄皇帝雕像，它被称为"Colossus"。

320年，公元484年还发生了一场地震。公元6世纪开始，建筑用于葬礼，然后从6世纪末之后就住进了居民。这一建筑整个中世纪都在使用，1200年建造了弗兰吉潘那塔，至今还可以在东北区域看到塔的遗迹。15世纪，斗兽场的混凝土被教皇逐步用于修建或修缮其他建筑。掠夺行径直到1675年教皇大赦时期才结束，斗兽场被看作一个神圣的地方，沿着苦路兴建了15个苦路亭。1807年，建筑师罗伯特·斯坦恩用砖石建起一个三角形的扶壁，用以支持外墙的东南角，它显示出令人忧心的毁坏迹象。朱赛佩·瓦拉蒂埃于1827年采用了一个类似的修缮方案。

St. Mark's Basilica
Italy
Venice

圣马可教堂
意大利 —— 威尼斯

撰文 / 弗拉米尼亚·巴托利尼

据《圣马可生平》记载，福音传播者马可从阿奎莱亚前往罗马，在威尼斯的里亚托上船时，他遇到了天使长，天使长告诉他，他将会被埋在那个地方。公元828年，两位商人把圣徒马可的遗体从埃及的亚历山大港带到威尼斯，总督帕提奇奥下令建造一座教堂。教堂于公元832年完工，但是在公元976年反对总督彼得·卡迪艾诺四世的叛乱中被严重损坏。在总督多米尼哥·康坦里尼的重建过程中，马可的骨灰遗失了，1094年又被总督维塔拉·法里厄重新找到。

这座长方形教堂的立面有两层各五个拱廊。下层不同材质的立柱与浅浮雕互相交替：一些材料来自拉文纳的罗马古迹，剩下的则是1204年第四次十字军东征后从君士坦丁堡带来的。教堂左起第一个门（圣阿里皮乌斯门）上是建筑上出现得最早的马赛克图案——圣马可将耶稣从十字架上解下，完成于1260年。

马赛克图案上方的14世纪弦月窗包括代表四位福音传播者的浅浮雕。第二道门的马赛克图案取材于塞巴斯蒂亚诺·里奇的草图，图中圣马可的遗体受到礼拜。中间也是最大的门之上是《启示录》的马赛克图案，上面的拱背装饰着立柱，其中八根为红色的斑岩材质。拜占庭式青铜大门可追溯到公元6世纪，第四和第五道大门上有两幅马赛克，取材于塞巴斯蒂亚诺·里奇绘制的草图，描绘的是维纳斯接受圣徒的遗体，以及圣徒的骨灰从亚历山大港运回威尼斯。

30左 福音传播者马可的象征位于教堂主过廊的山墙饰内三角面之上，脚踏福音书的金色狮子后来成为威尼斯共和国的象征。圣马可的雕像站立在尖顶之上。

30中 王冠的装饰和几个圣徒的雕像相结合。富丽堂皇的装饰反映了教堂在威尼斯社会和文化生活中的重要性。

30右 教堂立面左端的弧形壁画是金底马赛克图案——耶稣被解下十字架；左边的神龛中有一个跪着的圣徒，是哥特时期重修时修建的。

31上 从长方形教堂的俯瞰图可以明确地感受到穹顶高度和宽度之间的比例，它遵循的是拜占庭规范。

30～31 圣马可广场的立面反映出几个世纪以来不同文化来源对它的影响。建筑顶部是半圆形穹顶，并冠以半球状的灯塔，这是清晰的伊斯兰文化特征。另外也表现出法蒂玛式风格的地方是六个山墙饰内三角面，向内雕刻的拱门冠于教堂立面的上层。交替的旋柱和圣徒雕像是哥特式风格。

32左 从中殿后面可以看见高祭坛。依照拜占庭皇家仪式，私人入口和总督宝座在右边的耳堂，紧邻公爵宫。

32右 从南侧看教堂门廊。前厅冠有几个穹顶，完全被马赛克图案覆盖。图像描绘的故事取材于《旧约圣经》。

33左 从左边的侧廊看圣灵降临的穹顶。内部铺满带有金底的马赛克。十二使徒坐着接受摇曳火焰的画像和12世纪上半叶的拜占庭手稿风格相似。

33右 教堂门廊上的穹顶描绘的是《创始纪》的故事。叙述的情景是受到古代晚期的抄本的启示。人们相信它与十二使徒是同一时代的。

32~33 五个穹顶上的马赛克非常复杂。大体而言，中殿上的三个穹顶代表了基督教的圣灵：耶稣升天、圣灵降临和米赛亚重临，在巨大的拱券上还有福音书的片段。北部耳堂为圣约翰而建，拱券描绘的是圣母的生平，南部耳堂的穹顶有圣徒的形象，拱券上的情景出自圣马可的生平。

　　教堂立面上方是巨大的中心玻璃窗，由马赛克环绕；上面是著名的四匹来自君士坦丁堡的青铜马，1980年由复制品替代原件。一些哥特式雕塑补充完成了教堂立面，包括象征圣马可的金狮和南边角落里一组被称为"四帝共治"的雕塑群——这些4世纪的斑岩作品代表了罗马皇帝戴克里先和三位与他共享权力的统治者。

　　五座大门全部通向教堂前廊，前廊也顺着教堂较长的一侧延伸。教堂顶部冠有六个小穹顶，立柱来自原先的教堂，其间点缀着大理石和马赛克，阐述的是旧约的内容。教堂中殿和侧廊上部以及它们的十字交点上方矗立着屋顶的五个大穹顶。

34左下 洗礼堂位于中庭的南部。中心的洗礼盆是桑索维诺在1545年雕刻的。背靠墙壁围绕着它的是几个总督的墓。墙壁和拱顶完全被14世纪的马赛克图案覆盖，地板上则铺满了彩色大理石镶嵌的精致的几何图案。

34右下 光线透过南边耳堂的玫瑰窗，在镀金马赛克砖上发生折射，产生出强烈的反光。这种现象可能是被设计用来鼓舞祈祷者的。

　　教堂内部所有装饰最突出的特点是拱顶和穹顶的镶嵌图案。这些马赛克拼贴而成的圆环富丽堂皇，改变了个体对内部空间的感知，闪亮的金底令观看者眼花缭乱。最早的马赛克图案在最大的拱顶上，可能只有它们才能追溯到总督多米尼哥·康坦里尼时代；距今最近的马赛克图案（13世纪上半期）是圆顶中部的基督升天，但所有的画作风格都受到东方的影响，因为威尼斯是拜占庭文化在西方最活跃的中心。

　　建筑材料的丰富、艺术作品的壮丽，以及装饰的多样，显示了威尼斯共和国的实力以及统治贵族的优雅文化。

34～35 保存圣马可遗体的祭坛从中庭分成两部分：装饰着精美的彩色大理石的读经台和一排大理石圣幛。

35 圣马可教堂的平面图来自安托尼奥·维森提尼绘制的插图。它描绘了铺设整个地面的马赛克图案和彩色大理石镶嵌画的情况。

从主教座堂右边的耳堂看比萨斜塔，它的倾斜度非常明显。倾斜是由地下水位的沉降引起的。

比萨斜塔

意大利 —— 比萨

撰文 / 弗拉米尼亚·巴托利尼

1173年，波纳诺·比萨诺开始在奇迹广场建造比萨塔这一建筑杰作，同时动工的还有广场上的比萨大教堂、洗礼堂和墓园。但是，工程在1178年就搁置了，因为建在冲积层上的比萨塔开始显现出最早的倾斜特征。波纳诺建造的最初三层向北倾斜0.5度，内室没有建在中心轴线上。一个世纪之后西蒙纳重新开工，他在1272~1278年又建造了三层。从三层建到六层，倾斜有些变化，这次向南倾斜了0.5度。

比萨的政治动荡引发了梅洛里亚战争，工程的进度进一步放缓，到14世纪初仍然缺少顶部的钟楼。这一部分在1360~1370间由托马索·比萨诺完成，他是比萨斜塔的第三位建筑师，也是最后一位。比萨塔尊重原先的圆柱体设计，六层廊柱，加上钟楼，但是自从钟楼开始使用，倾斜度又大幅增加。结果，1838年建筑师亚历山大·德拉在地下室开凿修建了一条走道，用以检查地基和廊柱的坚固程度，但是这一行动让水渗入地表更多，结果状况更加恶化。最近的研究显示，如果这座塔再稍微高一点，它很可能早就倾塌了。上一世纪在挖掘地基的过程中，发现了波纳诺·比萨诺石棺的残骸。比萨城决定将他埋在塔下，使这座塔成为了他的纪念碑。

37 位于奇迹广场的建筑位置反映出中世纪的信仰。它们代表了一种象征性的路线，引领人们走向教堂，然后是天堂。

The Kremlin
Russia
Moscow

克里姆林宫

俄罗斯 —— 莫斯科

撰文 / 弗拉米尼亚·巴托利尼

38 克里姆林宫中的大克里姆林宫几十年来一直是苏维埃社会主义共和国联盟的政治生活中心。莫斯科河流经俄罗斯的首都，从河岸眺望气势恢弘而精致的建筑立面。

39 天使长教堂是16世纪早期设计的。图片上我们看到伊凡大帝钟楼，它于1600年竣工。

38～39 从今天的防御塔楼和防御墙眺望克里姆林宫堡垒。克里姆林宫始建于15世纪初期，完全由防御墙环绕。

自从1147年建成，克里姆林宫（俄语原意为"堡垒"）就一直是莫斯科的政治和管理中心。这座城堡的墙壁长约750米，伊凡三世重修期间修建了20座塔楼来代替原来的建筑。这一任务在1486到1516年间由意大利建筑师执行，他们特别擅长防御工事的修建；城墙上的意大利式雉堞就是他们工作的证明。

克里姆林宫最著名的塔是瓦西里·埃尔莫林塔，它的装饰充满了想象力；它建于1466年，1491年由沙勒利重建。城堡南角的贝克利密雪夫塔由米兰的建筑师马可·弗莱金设计，他是沙勒利的合作伙伴之一。1490～1493年，沙勒利又进一步建造了五座塔：布洛维兹基塔、君士坦丁和海伦塔、弗洛洛夫塔、尼克罗斯基塔和军火库塔。1487年，沙勒利和弗莱金再次携手合作，开始了修建多棱宫（宴会宫）的工作，那是举行所有正式典礼的地方。

1470年，主教座堂修复工程即将开始，莫斯科大公国的建筑师应召前来，但他们太不专业，导致建筑的一面墙倒

40左上 救世主塔是克里姆林宫的象征之一，往大了说，也是莫斯科的象征。上面的时钟和铜钟可以追溯到1625年。

40右上 从三一门楼俯瞰克里姆林宫最繁忙的入口之一。堡垒大部分由意大利工程师于15世纪末到16世纪初期设计建成，这座塔楼就是一例。克里姆林宫留下了意大利建造者永久的印迹，典型的地中海风格充满想象的装饰减少了建筑的严峻感。新式风格的大师之一是来自米兰的沙勒利，他建造并重建了克里姆林宫七座著名的塔楼。

40左中 伊凡大帝钟楼自1600年竣工后，一直是沙皇莫斯科的象征之一。

40左下 圣母升天主教座堂几个世纪以来都是沙俄君主加冕的地方，直到最后一位皇家统治者尼古拉斯二世为止。

40右下 天使长教堂也是16世纪早期由意大利建筑师诺沃建造的，他把文艺复兴元素和俄罗斯传统建筑中五个穹顶的模式融合在一起。

41上 圣母领报教堂面对教堂广场。从这里可以看见后面的大克里姆林宫。

41下 圣母领报主教座堂的金色穹顶在清晰的莫斯科阳光下熠熠闪光。主教座堂建于1484至1489年，是沙皇的私人教堂。

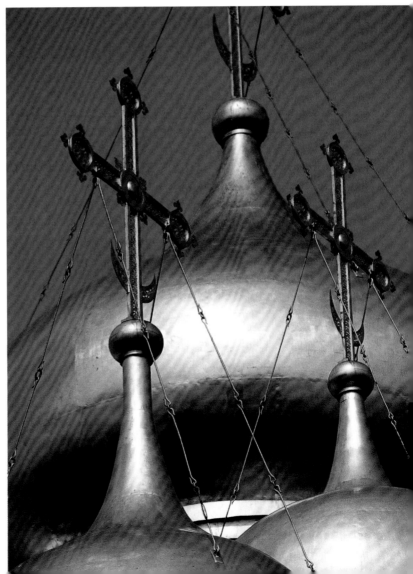

42左上 巨大的入口通向多棱宫二楼的沙龙。这个建筑是俄罗斯装饰学派拜占庭风格的一个实例。

42右上 典型的装饰着瓷砖的炉子给多棱宫供暖。图中的这个炉子位于大厅的一角。

塌。意大利建筑师再次受邀指挥工程，这次是亚里士托特勒·弗里欧拉万提，他于1475年到达莫斯科。在使用俄罗斯—拜占庭图样——如四个小穹顶环绕一个巨大的中心穹顶时，弗里欧拉万提也进行了重要的改革：他把固定用的金属钩插入拱顶和位于拱顶与穹顶之间的厚石板之间。同一时期，克里姆林宫内建起一些莫斯科传统风格的小教堂，比如解救耶稣遗体教堂和圣母领报主教座堂。天使长主教座堂建于1505至1508年，随着它的修建，克里姆林宫的意大利时期告终了。教堂外部有一系列飞檐、立柱和拱门，令人联想到威尼斯图样。伊凡三世在位时最后的工程是伊凡大帝钟楼和天使长主教座堂，两者都是在1505至1508年间完成的。建筑师邦·弗莱金建起约60米高的两层钟楼，它经历了始于克里姆林宫内部的火灾和1812年法国人对城市的轰炸，仍旧幸存下来，其坚固性由此可知。1598年，波里斯·郭顿诺夫把钟楼的高度提升了约21米，为此他把铁柱插入砖石部分并加固地基上的墙壁。17世纪克里姆林宫最重要的改变是增加了十二使徒教堂，由尼康主教修建。教堂是主教宫必不可少的一部分，最初是奉献给使徒腓力的，以称颂同名的殉教者，他反对伊凡四世和他的恐怖统治。建筑的类型依照弗拉基米尔教堂的图样，目的是让圣地的建筑回归古代的纯粹。叶卡捷琳娜二世统治时期，马维·卡扎科夫建造了新古典元老宫。宫殿呈长方形，拥有巨大的穹顶，其中的高级法官法庭用于会议。1839至1849年间所建的大克里姆林宫呈折中的哥特和新古典风格。前一建筑在拿破仑占领时期被严重损坏。距今更近的议会宫是苏维埃时期的产物，1961年完工，完全用大理石修建。

43左上 寓所宫中的御座间有许多花朵装饰的红色织物。传统上红色象征权力。

43右上 庄严的天使长主教座堂内部用墙壁和立柱分隔房间，上面装饰着壁画和肖像。

43下 寓所宫的内部反映了"寓所"一词的原始意义（"私人房间"）。它温馨舒适，不像公共的、过于隆重的宅第。

多棱宫中的沙龙建于1487至1491年，由建筑师卢佛和萨拉里设计。绘画由西蒙·乌沙科夫完成于1668年。

The Cathedral of
Notre Dame
France
Chartres

沙特尔主教座堂

法国 —— 沙特尔

撰文 / 弗拉米尼亚·巴托利尼

46～47 沙特尔主教座堂是法国哥特式建筑的杰作，建立在圣木的遗址上；这根圣木拥有不可思议的活力，在古罗马高卢时代受到本地凯尔特人的崇拜。

46 半圆形后殿外部的飞扶壁上，一系列半圆拱中间是有序的小圆拱。

沙特尔主教座堂被称作法兰西的卫城。最早的教堂建于公元4世纪，是应首任主教阿德旺图斯之请而建造的，但它在一场大火中被毁。以后又有五座教堂相继在同一基址上建立起来，但都毁于大火。正是第五座教堂于1194年被毁后，主教勒尼奥·德·穆孔（Regnault de Moucon）才决定建造一座新式的教堂。1194～1225年，第六座也是最后一座教堂在这短暂的时期内以纯粹的法国哥特式风格建造起来，因此具有一种少有的统一风格。立面较矮部分（建于12世纪最后数年）的特征是入口由三座大门构成，上面是分成三部分的窗子，然后是13世纪的玫瑰窗，之上则冠以国王画廊。立面的两边是教堂的两座规模形制迥异的钟楼。左边的"新钟"建于1134年，1506年在上面增添了雕花旋纹；右边的"旧钟"建于1145年，只有简单的旋纹。就像在巴黎和布尔

47左 教堂立面顶部的国王画廊之上是一个三叶形的神龛，里面是圣母玛利亚和圣婴的雕像，两边各有一个更小的天使。

47中 教堂北侧一系列小型的哥特式拱顶，里面是一列神情姿态各异的人物雕像。

47右 两个形制各异的钟楼矗立在圣母主教座堂的两侧。较高的是华丽的哥特式，另一个是罗马式。

日的天主教堂一样，本地的石匠重新使用了前一座教堂的钟楼。在沙特尔，东边的立面也是被如此使用的。建筑师兼修缮专家维奥莱–勒–杜克决定搬走这一立面，更改中殿、通道和两个巨大的半圆形后殿的唱诗楼之间的比例。被称作"王者之门"的三门入口是罗马式艺术的杰作之一。它建于1145至1455年，拉长的人物形象镶嵌在立柱上，讲述着救世主耶稣的故事。南面的门前是另一座三拱的门廊和阶梯，它的装饰可以追溯到1220年。对面的北门和南门对称，也是附加上去

48上 大门装饰的象征意义明显：各种雕像代表了"柱石"，基督教教义和教堂正是在这些基础上建立起来的。上部，连续的条状拱顶表现的是耶稣和圣母的生活。

48左下和中下 雕刻在柱子上的人物装饰着教堂主立面的三座门。原先的24座雕像仅有19座保存下来。一些雕像头戴冠冕，可能是圣徒或教堂的捐助者。

48右下 1090～1116年的沙特尔主教伊夫决定了主立面（王者之门）三层拱廊的装饰。山墙饰内三角面上雕刻的是神的显现：审判日的耶稣、耶稣降生、耶稣对牧羊人的启示、圣灵降临节以及耶稣出现在使徒面前。

教堂北面的拱廊装饰着《圣经》人物，即耶稣先导。其中一个是施洗者约翰，可以从他粗劣的骆驼皮外衣（如传说中的沙漠隐士一般）以及个性鲜明的特征（抱在臂弯中的羔羊）辨认出来。

的。它是飞扶壁完成后才修建的，但是因为需要局部迁移，就对耳堂的牢固性产生了威胁。为了弥补这一点，拱廊和教堂的其他部分之间插入了加固用的铁钩。西面的立面是最精致、最复杂的。它的三门入口建于1134至1150年，整个立面排列着装饰和雕像，使它成为最受人喜爱的早期哥特式典范之一。外部最为壮观的特色是宏伟的飞扶壁，每个飞扶壁都由两个叠加的拱券构成。下面的拱券呈弧形，上面的拱券由四个小拱券组成。不幸的是，这一系列飞扶壁营造的和谐感在1416年修建火焰式礼拜堂时被破坏了。礼拜堂在1872年进行了大规模重修。教堂有两个侧廊、一个宽敞的耳堂和一个深邃的内殿，内殿被带有放射状礼拜堂的双重回廊围绕。拱廊位于中殿、耳堂和祭台门拱的上方，上面还有巨大的窗户。窗户是整个建筑最有价值的特征。它们完成于12～13世纪，共有176块，描绘的是《圣经》和《圣徒传》中的情景。

50左 耶稣受洗的场景出现在唱诗楼的一面墙上。施洗者约翰站在约旦河岸，把水浇在左边的耶稣头上。耶稣因为站在河水中，因而显得矮一些。雕刻者是尼古拉斯·盖伯特（雕刻时间约为1543年）。

50中和右 圣母教堂的内部分为三层：最下面是拱廊和立柱，伸展到立柱顶板的高度；中部是一列小的拱券；最上面的高窗是成排的窗户。

50～51 唱诗楼有一道石质围墙，上面雕刻着耶稣和圣母的生活。南侧立面位于巨钟和圣以利沙伯问候圣母的场景之间。立面上的历史墙后面隐藏着通向巨钟机械装置的台阶。巨钟的外形保存了下来，但是里面的机械已经损坏了。

51 立柱一直延伸到中殿和耳堂的屋顶。由六部分构成的交叉拱顶由弧形圆拱的交点组成，这些弧形圆拱增加了建筑的垂直推力。

北边耳堂以"法兰西玫瑰"闻名的玫瑰窗是为颂扬圣母而建，由路易九世和卡斯提尔的布兰琪下令建造。装饰的主题是两个王室的象征：蓝底镀金的法兰西百合和卡斯提尔的城堡。在中间的圆形画上，坐在宝座上的圣母怀抱一个婴儿。在五扇窗上，圣安娜怀抱圣母居中，两侧是《圣经》人物。

53左上、左下和右 十字架、圣母探视和耶稣降生以及坐在宝座上的圣母与圣婴出现在王者之门上方的窗子上。

53左中 中殿南侧的这一细节表现的是亚当被逐出伊甸园。这扇窗子描绘了"好撒玛利亚人"的故事，是13世纪时由鞋匠捐资修建的。

大教堂的立面装饰精巧，装饰物丰富多样，由壁龛、雕像和象征性的图案构成。它是尼古拉·比萨诺和吉欧瓦尼·比萨诺设计的

锡耶纳大教堂
意大利 —— 锡耶纳

撰文 / 弗拉米尼亚 · 巴托利尼

The Duomo
Italy
Siena

锡耶纳大教堂始建于公元1229年，于14世纪末期竣工，是意大利哥特式建筑的辉煌典范。工程于1258至1285年在熙笃会圣加尔加诺的修士尼卡拉 · 比萨诺和吉欧瓦尼 · 比萨诺指导下进行。父子俩负责豪华的白、红、黑三色大理石立面，它最终于14世纪末期竣工。今天所见的雕塑大部分为复制品，即便如此，它们也已历经了大规模重修。尖塔上的马赛克是现代威尼斯人的作品，作者是穆斯尼和弗兰吉。

14世纪初期，随着政治方面的重要性日益提高，锡耶纳城决定建造一座巨大的富丽堂皇的主教座堂，但在工程即将完工的1317到1321年之间，洛伦佐 · 马伊塔尼指出，工程出现了缺陷。1339年，教堂的设计（在这一设计稿中，如今的教堂只是一座十字形教堂的耳堂）交由朗多 · 迪 · 皮耶特罗实施，但由于和邻近城市之间的战争和1348年的黑死病，整个工程除了右边一侧完工，其余部分都中止了。

阿格斯蒂诺和阿格诺罗设计的钟楼于1313年建成。它是一个正方形设计，镶嵌着黑白大理石骨架。从底层向上，窗户上灯的数量从一个增加到六个，钟楼顶部是一个八角形的塔尖，四周围绕着四个小尖塔。1376年，教堂在乔瓦尼 · 迪 · 切科的指导下重新开工，修建背面的立面，但直到1382年中殿的拱顶建起、半圆形的后殿重建，主教座堂才算真正完工。

55左和中 装饰教堂的雕塑大部分都由高质量的复制品替代。

55右 教堂的立面由白、红、黑三色大理石组成，于14世纪建成。

　　大教堂的特色在于哥特式建筑和装饰的完美融合，它是文艺复兴风格的先声。它的平面呈拉丁纵长十字形，有一个宽阔的中殿和两个侧廊。双子中殿的耳堂在十二边穹顶下有一个六边形十字。俯视中殿和唱诗楼的教皇半身陶土雕像建于15世纪末和16世纪早期。

　　镶嵌大理石的精美地板是在1370至1550年间的不同阶段铺设的，描绘的是人类的历史和救赎。传统上，这一杰作被认为是杜奇奥的作品，曾启发但丁写下《神曲》中的《炼狱》。但是文献显示它是乔瓦尼·达·斯波雷托的作品，不会早于1369年。

　　左侧耳堂包括尼卡拉·比萨诺雕刻的布道坛。它是意大利哥特式杰作，由尼卡拉·比萨诺的学生完成于1268年。左边通道末端是通向皮克罗米尼图书馆的入口。这一文艺复兴作品是红衣主教皮克罗米尼下令建造的，用以保存他的叔父教皇庇护二世的藏书。

56～57 穹顶和其十二边的底部位于耳堂之上。五排同心的藻井向上逐渐缩小，最上是位于中心的圆孔。

56左 俯视锡耶纳大教堂，拉丁纵长十字形的和谐与富丽一览无余。教堂于1382年竣工。

56中 教堂的拉丁纵长十字平面有一个中殿、两个侧廊和一个耳堂。中殿是1382年建起的，原本更大的建筑设计被放弃后，原来的耳堂成为了建筑主体。布满群星的拱形天花板照亮了罗马式中殿。

56右 左侧侧廊末端的皮克罗米尼图书馆有许多珍贵的富有智慧的手稿。图书馆为红衣主教皮克罗米尼所建，由平托瑞丘装饰。

57 大教堂内部有许多有趣而漂亮的图案，尤其是镶嵌着正方形图画的地板。另一个特点是贝尔尼尼1661年设计的奇吉礼拜堂和巴尔达萨利·佩鲁齐设计的高祭坛（如图）。唱诗楼上有意大利最古老的窗子，由杜奇奥·迪·博尔塞纳设计。

The Alhambra
Spain
Granada

阿尔罕布拉宫

西班牙 —— 格拉纳达

撰文 / 弗拉米尼亚·巴托利尼

58 1526~1527年，查理五世严谨而传统的宫殿于阿尔罕布拉宫中建成。内部的庭院被视为西班牙文艺复兴建筑的杰作。

59左 狮子宫得名于狮子喷泉，喷泉的东西南北四个方向都有一条水渠流入宫殿的房间中。

59右 狮子宫被一系列雕刻富丽堂皇的大门围绕，它们看起来就像用金银丝或最精致的蕾丝编织而成，而使用的材料其实是大理石、象牙和雪松木。

58~59 狮子宫门廊的立柱纤细，提升了整个建筑结构的明亮程度，整个结构像大多数摩尔式建筑一样精巧别致。

作为伊斯兰文明在西班牙控制的最后一座要塞，格拉纳达直到1492年仍旧是哈里发的守卫之地，这一年它被信仰天主教的君主阿拉贡国王斐迪南二世和卡斯提尔女王伊莎贝拉一世征服。对西班牙旷日持久的再征服从1212年的纳瓦斯德托洛萨战役开始，当时基督教赢回了纳斯里苏丹的这块领地。科尔多瓦在1236年被夺回，塞维利亚于1248年被夺回，但格拉纳达又维持了250年的自治，而苏丹穆罕默德一世宣称自己是卡斯提尔王国的领主。阿尔罕布拉宫是纳斯里苏丹富丽堂皇的宫殿，建于山丘之上，俯视格拉纳达全城，是伊斯兰艺术优雅的象征。它的名字取自阿拉伯语"al–Qalat al Hamra"（意为"红色的城堡"），因为城堡的第一道堡垒以红砖砌成。古代的建筑部分（11～12世纪）周围环绕着围墙。新建筑是穆罕默德一世下令建造的，始于1238年，在第二年就以惊人的速度完工了。第一位有效地利用阿尔罕布拉宫的苏丹是穆罕默德四世（1325～1333年），但这里富丽堂皇的装饰则要归功于他的后继者优索福一世（1333～1354年）。正是他在位期间，科玛雷斯塔和女囚塔的装饰得以建造，伊本·雅雅布（Ibn al–Yayyab）的铭文诗可以为证

60左上和右上 从"建筑师花园"眺望要塞，它是阿尔罕布拉宫三部分之一。它的堡垒清楚地表明，这是军事用途的一部分

60左下 科玛雷斯塔俯视香桃木院的北侧。屋顶和边塔是最近修建的。

60右下 这里可能是后宫，朝向香桃木院南侧。窗户有栅栏保护。

61上 位于花园植被中的许多蓄水池之一。像这样的池子叫作灌溉水渠，对于阿尔罕布拉宫的日常运转非常重要。阿尔罕布拉宫完全依靠水的存在运转。

（1274～1349年）。

阿尔罕布拉宫最灿烂的时期是穆罕默德五世在位时，他的统治时期有两段：1354～1359年和1362～1391年。他指挥建成了狮子宫和桃香木院，但是没有现存信息告诉我们纳斯里宫的修建情况、建筑师以及成本。我们也不清楚阿尔罕布拉宫之内的生活和它房间的情况。建筑以石砖建成，而大理石用于立柱和柱头以及铺设地板。墙壁和天花板的装饰用镶嵌的木头、陶瓷和灰泥制造。木匠艺术的杰作以使节厅的天花板为代表，光线可以透过天花板，照亮整个房间。宫殿内外铺设色彩明亮的瓷砖，构成漂亮的几何图形，但是最杰出的装饰是花砖作品，它们描绘出字母和植物图案。最漂亮的例子是两姊妹厅和阿本莎拉赫厅的钟乳形天花板。阿尔罕布拉宫分成三部分：纯粹为军事目标而建的要塞，以及城镇和宫殿。科玛雷斯宫中长方形的庭院被一个长形的喷泉南北分开，喷水增加了这里的活力。狮子宫的门廊是阿尔罕布拉宫最精致、最著名的：中心是狮子喷泉，四面绕着四条长水渠，它们流入宫殿的房间，那里排列着124根立柱。

为穆罕默德二世修建的将军宫设在围墙外，它是一个环绕着伊斯兰花园的乡村别墅。阿尔罕布拉宫最后一个阶段的建筑是1527年为查理五世建造的宫殿，他被选为神圣罗马皇帝，也是奥地利和匈牙利的统治者。他也是西班牙国王，虽然他直到最后退休才长期待在这个国家。天主教和伊斯兰文化的差异在于，查理五世的宫殿布局古典、装饰沉静，而摩尔式建筑明亮又精致。

61左下 主渠院位于老建筑的中部，其间香桃木和 61右下 像阿尔罕布拉宫的其他庭院一样，柏树院
橘树掩映，花草与喷泉错落。 充满了水和植物，还有一个凉爽的拱廊建筑。

62左 整个阿尔罕布拉宫内精心设计的装饰效果在保持结构丰富度的同时增强了建筑内的亮度，其产生的光影效果还使空间的过渡显得更加隐蔽和自然。

62右 有时一些细节会使室内装饰更加丰富。这个灰泥瓦片就是一例，我们由此看到了风格化的图案和近乎完美的浮雕。

62～63 密密麻麻的装饰效果令人目不暇接，两姊妹厅是钟乳形饰建筑的杰作。厅中另一个特色是篆刻在墙上的诗人伊本·扎姆拉克的诗句。

63 除了上面布满的花卉和几何元素的丰富装饰，达拉克萨凸窗还提供了欣赏内庭花园的视野。

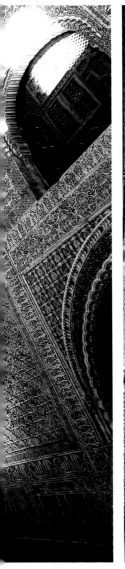

圣母百花大教堂是意大利文艺复兴艺术的杰作。
穹顶和钟楼成为城市六个世纪以来的象征。

圣母百花大教堂

意大利 —— 佛罗伦萨

撰文 / 弗拉米尼亚·巴托利尼

The Dome of Santa Maria del Fiore

Italy
Florence

阿诺尔夫·迪·坎比奥于1296年受命建造佛罗伦萨的新主教座堂，替代旧的圣雷帕拉塔教堂。1302年，建筑师去世时，工程在乔托的指导下继续进行。1412年，新教堂命名为圣母百花大教堂，暗喻百合，象征佛罗伦萨共和国。

圣母百花大教堂是继罗马的圣彼得教堂和伦敦的圣保罗教堂之后的世界第三大教堂。它呈拉丁式纵长十字形，有两条侧廊，内部装饰着保罗·乌切洛、安德烈亚·德尔·卡斯塔尼奥、乔尔乔·瓦萨里和费德里科·祖卡里的壁画。1334年由乔托开始动工的钟楼，又由安德烈亚·皮萨诺继续建造，他修建了最初的两层，最后于1359年才由塔伦蒂完工。大教堂现在的立面是埃米利奥·德·法布里建造的，它是19世纪佛罗伦萨哥特式建筑的范本。

65左 菲利波·布鲁内莱斯基设计的穹顶无疑是教堂的焦点。这张俯瞰图显示出穹顶和教堂其余部分的比例不均衡。让整个结构保持平衡的是乔托的钟楼和平面图上的洗礼堂。

65右 鲁多维科·西格里绘制的这幅16世纪的草图再现了教堂基本的建筑框架。

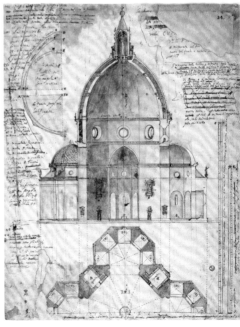

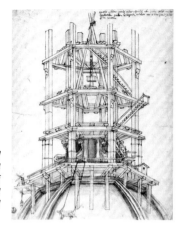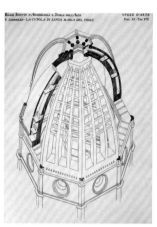

66 这些19世纪的草图显示了穹顶的双层框架设计，它没有采用地面支架，而是自我支撑的飞扶壁。但穹顶上部的小灯塔却需要支架。

66～67 教堂内部以丰富多样的装饰而著称。保罗·乌切洛、安德烈亚·德尔·卡斯塔尼奥、乔尔乔·瓦萨里和费德里科·祖卡里的壁画，以及卢卡·德拉·罗比亚和皮萨诺学派的雕塑，以巨大的规模成就了教堂的宏伟。

67左 看起来穹顶好像被教堂主体和钟楼挤压着，它事实上是个庞然大物。

67右 穹顶上的小灯塔是在人们以为教堂已经完工两年之后才修建的。

　　作为佛罗伦萨的象征，圣母百花教堂的穹顶由菲利波·布鲁内莱斯基设计，原设计者阿诺尔夫·迪·坎比奥的设计稿中并没有穹顶。巨大的尺寸和约45米的内部直径在建造过程中产生了许多问题，因此1418年开始了一场对工程管理权的竞争，布鲁内莱斯基成为最后的赢家。在对罗马万神殿圆形大厅进行研究的基础上，他采用了自我支撑的飞扶壁系统，而没有使用任何地面支架。穹顶有双层框架，外层框架带尖向上。框架之间的加固结构是从外面可以看见的白色骨架。穹顶于1434年完工，穹顶之上的小灯塔是两年后安置上去的。

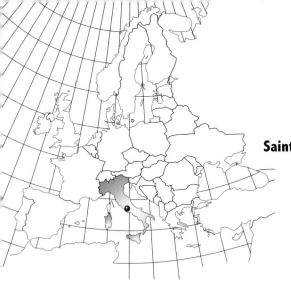

Saint Peter's Basilica
Vatican
Vatican

圣彼得教堂
梵蒂冈 —— 梵蒂冈城

撰文 / 弗拉米尼亚·巴托利尼

梵蒂冈的圣彼得教堂是天主教世界最大的礼拜堂。教堂的由来要追溯到位于梵蒂冈山丘墓地中的使徒彼得之墓。长方形教堂的最初版本是公元326年康斯坦丁大帝完成的,矗立在彼得墓上方。公元1300年,乔托和艺术家们在他的工作室制作了马赛克拼贴的天使半身像和高圣坛上的多联画屏。1452年,教皇尼古拉五世决定让贝尔纳多·罗塞利诺重新改装教堂。但直到尼古拉死后三年,工程大部分仍处于停滞状态,直至教皇尤利乌斯二世才有改观,他雄心勃勃,有许多新计划。作为教皇权力的象征,他希望重建教堂,不但要规模宏大,而且要美轮美奂,无与伦比。新建筑师勃拉芒特提出了激进的新设计,这个方案需要拆除整个旧有的教堂,连同罗塞利诺新建的穹顶。

首先将一个带有尖塔的小型建筑树立起来,用以庇护彼得的墓。然后,1506年4月18日,新教堂工程开始了。教堂平面是一个希腊正十字形,中心为巨大的穹顶,十字形的四端各有一个穹顶。其余空间的每个侧廊都有自身附属的穹顶,并且建起两座高塔装饰立面。但是,1503年尤利乌斯二世去世时,只有四根中心柱和相连的拱券建成,拱券用以支

直径4米多的穹顶置于四个墩柱的拱券之上，金底的环状部分镌刻着耶稣的话："你是彼得，我要把我的教会建造在这磐石上。"

撑未来的穹顶。教皇利奥十世邀请拉斐尔和小桑迦洛合作，他们共同的设计以拉丁纵长十字形为基础。聘请拉斐尔作为建筑师是一个非同寻常的选择，因为他主要是个画家，结果是他必须依赖小桑迦洛的经验。初步的设计图纸堆积如山，但真正的工程再一次搁置，这一次是由于1520年拉斐尔的去世，以及1527年查理五世的军队洗劫了罗马。

1547年教皇庇护三世邀请米开朗基罗来监督工程。米开朗基罗一直工作到1564年去世。他重新回到勃拉芒特完成了建造一个希腊正十字形的初衷，但增加了一个更加宏伟的穹顶。到这位大师去世时，鼓座和三个主要的半圆拱顶已基本完工，但米开朗基罗的双穹顶设计只能由德拉·波尔塔来实现了。

1607年开始，由卡洛·马代尔诺负责教堂的修建直至正式完工，他为保罗五世把希腊正十字形的平面图改为拉丁纵长十字形。

在米开朗基罗设计的三个穹顶的基础上，教堂内增加了三个隔间及入口的廊柱。目前的立面是混淆了米开朗基罗设计的结果，最初的设计以传统的罗马神庙为基础：过长的空间加上缺少两翼的高塔就使建筑失去了富丽堂皇的印象。

教堂的大部分于1612年完工，神殿最终由乌尔班八世于1626年竣工。又一个伟大的建筑师为圣彼得教堂做出了贡献：贝尔尼尼，他为教堂制作了华丽的弯曲柱廊，完成于1666年，这些柱廊使教堂前方的广场熠熠生辉。高圣坛上华丽的青铜华盖建造于1663年，指示着圣彼得之墓的所在。

教堂拥有许多艺术史上最伟大的作品，包括米开朗基罗的雕塑《圣母哀悼基督》、侧廊中巨大的墓碑、安东尼奥·波拉约洛设计的因诺森三世墓、贝尔尼尼设计的教皇乌尔班八世和亚历山大八世的墓碑，以及卡诺瓦设计的教皇克雷芒十三世墓。

72左 贝尔尼尼设计（1624～1633年）的高圣坛上的华盖，由教皇乌尔班八世建造。顶端站立天使雕像的螺旋形立柱支撑着飞檐，飞檐上挂有悬饰。

72中 贝尔尼尼制作的庄严的巴洛克式圣彼得宝座位于拱顶后部，铜质座椅里面是古代的木质宝座。宝座上方是灰泥雕塑，中央是放射形光芒，边框是云彩和小天使的裸像，背景中有一面巨大的窗户，上面装饰着圣灵的鸽子。

72右 柱子圣母礼拜堂因作为这座建于15世纪的巴西利卡式教堂的一部分的油画而得名。带有一个圆孔的穹顶被肋拱分为若干部分，窗户和壁柱相间围绕着鼓形座。

72～73 1962年第二次梵蒂冈大公会议由若望二十三世召开，1965年保罗六世宣布结束。2 000多名教士参加的大公会议在教堂大殿举行。

73 1983年宗教会议的开幕仪式有牧师和信众参加。教皇的宝座面向告解台，告解台的栏杆上长明着99只灯盏。

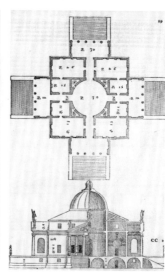

74左 别墅的雕塑（一个手持怪物的男性）要归功于洛伦佐·鲁比尼，帕拉第奥在1570年出版的别墅概览中记了一笔。

74右 这一平面图引自帕拉第奥所著的《建筑四书》，1570年在威尼斯出版。

74～75 圆厅别墅四面的乡村是设计关注的焦点之一。

圆厅别墅
意大利 —— 维琴察

撰文 / 弗拉米尼亚·巴托利尼

La Rotonda
Italy
Vicenza

阿尔梅里科别墅，即所谓的"圆厅别墅"，是安德烈亚·帕拉第奥最为知名的作品。

这座乡村别墅由教皇的高级教士保罗·阿尔梅里科构思，于1566年动工，三年后完成。

文森佐·斯卡莫奇监督了穹顶和外部台阶的施工，1620年修建的附属建筑也由他负责设计。

这个地方似乎激发了帕拉第奥的设计灵感：在他的一系列别墅设计中，这是唯一一个带有正方形基座的亭台。别墅傍山，三面环绕着贝里科山谷，主入口在另外一面。

每个入口前面都有一个六柱式前廊，上面是三角形的山墙和山尖饰。帕拉第奥自己把建筑比做剧场，这就解释了他为何在建筑的每侧都使用了台阶。

穹顶下的圆形中心房间是非同寻常的，它没有直接通向二楼的房间的入口：这一布局令人联想到宗教建筑，也反映了保罗·阿尔梅里科和梵蒂冈的关系。

穹顶的设计参照了万神殿，包括中心的圆孔。这里最初是敞开的（中央房间的排水管道把雨水送入地下的井中），但是斯卡莫奇改变了设计，使得圆孔更小。如今的穹顶类似维罗纳罗马剧场的设计。

灰泥装饰由洛伦佐·鲁比尼、鲁杰罗·帕斯卡佩和多米尼科·丰塔纳完成，壁画是亚历山德罗·马甘萨和路易斯·多利格尼绘制的。

75 帕拉第奥建筑的杰出典范，圆厅别墅的结构和设计构成一个完美和谐的整体。建筑每边相同的前廊和台阶令人惊叹。

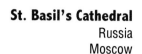

St. Basil's Cathedral
Russia
Moscow

圣巴索主教座堂

俄罗斯 —— 莫斯科

撰文 / 弗拉米尼亚·巴托利尼

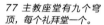

77 主教座堂有九个穹顶，每个礼拜堂一个。

76~77 主教座堂在巴索得到圣封之后奉献给他。建筑中心的一个礼拜堂被八个稍小的礼拜堂围绕，伊凡下令修建这八座礼拜堂用以纪念最终攻陷喀山之前击败蒙古人的八次战役。

　　1555~1561年，圣巴索主教座堂建造于莫斯科红场。以"恐怖的伊凡"著称的伊凡四世希望建造一座新的主教座堂以纪念1552年击败蒙古人并征服他们的城市喀山的功绩。主教座堂建筑师的名字——波兹尼克和巴尔马——直到1896年古代手稿被发现时才为人所知，但进一步的发现揭示，这两个名字指的是一个人，即波兹尼克·雅科夫列夫，他又以"巴尔马"之名为人所知。最初教堂叫作圣母祷告教堂，在幸运的巴索（1468~1552年）被圣封之后，教堂被奉献给圣巴索。中心的礼拜堂建在他的墓穴之上。主座教堂建在圣三一教堂的基址之上。伊凡四世最初的想法是新教堂共设八个单独的礼拜堂，其中之一位于中心，另外七个环绕中心呈辐射状，以纪念占领喀山之前的八次战役。在建筑师的建议下，最终八座礼拜堂围绕着中心的一座礼拜堂建立起来并由一条回廊连接。八个礼拜堂被分成四个大的，四个小的，高度和方向各异。每个稍小的礼拜堂都和征服喀山的一个事件相关。北部的礼拜堂最初奉献给圣居普良和圣女傅天娜，但是1786年，在强大的娜塔莉亚·赫鲁斯彻娃（Natalia Hruscheva）的压力之下，礼拜堂改献给圣艾德里安和圣娜塔莉亚。南边的礼拜堂献给俄罗斯军队的将军尼古拉·维利克莱斯基（Nicola Velikoretsky），西边的礼拜堂以"耶路撒冷之门"（Entry into Jerusalem）命名，此事与得胜之军返回俄罗斯相关。南边是三一礼拜堂，纪念第一座教堂的建立。另外四座礼拜堂呈对角线分布：东北边的礼拜堂以圣格里高利·阿尔曼斯基（Grigory Armyansky）命名，纪念征服喀山的那一天；东南礼拜堂献给亚历山大·斯维斯基，他击溃了鞑靼军队的指挥官。最后，西南的礼拜堂献给瓦拉姆·胡廷斯基（Varlaam Hutynsky），这是唯一一个和击败蒙古人无关的命名。17世纪，在入口的两侧增加了金字塔状的高塔，同时增添了两座门廊。一系列圆拱矗立在八

角形的地基上。最大的礼拜堂中的装饰壁画绘于1784年，其他的则是19世纪增加的。它的高度（约57米）比周围的八个穹顶更宏伟。画廊装饰着17世纪的壁画，其中一个礼拜堂有一幅珍贵的16世纪圣像，描绘的是"耶路撒冷之门"。三一礼拜堂有莫斯科最古老的圣幛。拿破仑1812年占领莫斯科之后，主教座堂遭到法国军队的破坏。随后，在1817年，教堂周围的墓地被清除。20世纪初，教堂成了主张无神论的布尔什维克的目标。1918年苏维埃当局杀害了牧师伊万·沃斯托科夫（Ioann Vostogov），并且没收了教堂，钟被拆除，建筑被关闭。1930年，斯大林的心腹之一拉扎尔·卡冈诺维奇宣称有必要拆除教堂，为阅兵提供更大的空间。但是负责执行任务的建筑师彼得·巴拉诺夫斯基（Pyotr Baranovsky）拒绝执行命令，威胁要割断自己的喉管。正是这一行动拯救了大教堂。

78和78～79 组成主教座堂的礼拜堂高度和形制各异，每个都有不同的穹顶，给建筑增添了不同寻常但精致优雅的外观。

79 圣巴索教堂是"恐怖的伊凡"（即伊凡四世）于1555~1561年建造的，是红场的主要景观之一。

The Palace of Versailles
France
Paris

凡尔赛宫
法国 —— 巴黎

撰文／米里亚姆·塔维亚尼

凡尔赛曾经只是进入巴黎沿途的一个普通村落，它的命运竟是法王路易十三狩猎中一时兴起所致。1623年他一经加冕，就购下了凡尔赛，并责令菲利贝尔·勒罗伊在那里建造一座狩猎行宫。但直到太阳王路易十四和西班牙公主玛丽亚·特雷西亚婚后不久，路易十四才在1661年开始改造行宫（仍然叫作"子爵府邸"），他把它变成了一座王宫，或许叫皇家城堡更确切一些。宫廷和政府从1682年开始搬入凡尔赛，一直延续到法国大革命。凡尔赛宫的建造最初由路易斯·勒沃指挥，其后由芒萨尔接替，勒诺特设计了花园和公园，直至18世纪末之前，凡尔赛宫都是整个欧洲宫廷的样板。宫殿由勒沃扩建，其两翼与中庭两边平行，开阔的立面俯视花园。芒萨尔1667年对此又进行了扩建，在中庭南北增加了宏伟的楼宇，这里在酝酿之初就是整个建筑和风景的中心。芒萨尔设计了皇家大马厩和小马厩，它们把宫殿、花园中的橘园和大翠安农宫前方军事广场东面的半圆连接起来。大翠安农宫是国王的私人别墅，至今仍用作法国总统的住所，并在此接待国宾。

80 从巴黎大街看凡尔赛宫，建筑群形成连续的中轴。

81左 大理石院比御院高出五级台阶，是路易十三时期建筑群的核心。

81右 大理石院北侧的这个大门通向凡尔赛宫的众多花园。

80～81 宫殿西面（朝向花园的一侧）倒映在两个碧水潭中。

82左上 让-巴蒂斯特·杜比设计的阿波罗池以阿波罗的战车为中心。它位于一条宽阔林荫道（人称"绿地毯"）的终点，这是一条从主轴线延伸出来的宽阔大街，也叫"太阳轴线"，它连接黑暗女神拉多娜和她的儿子阿波罗的雕塑。

82右上 马尔西兄弟设计的巨龙位于龙池的中心，龙池直径约40米，是一个位于水径终点的喷泉。

82左下 太阳神从阿波罗池的水中浮现出来，在黎明中驾驶着野马拉的战车，开始了每天穿越天空的巡行。法螺吹响，预告着他的到来。

82右下 拉多娜池有多个水池，水池上方是大理石雕像群——拉多娜和她的孩子阿波罗与戴安娜。这是马尔西兄弟的雕刻作品。

83上 镜厅有17扇朝向园林的大窗，在长廊的另一边则设有17面大镜子。在盛大的场面中，3 000束光反射在镜中，产生出迷人的闪烁效果。这个房间是1871年德意志帝国宣布成立的地方，也是1919年签订凡尔赛条约的地方。

　　芒萨尔最精彩的创举是把勒沃建造的一排朝向公园的房屋改成瑰丽壮观的镜厅，这对法国贵族的纯粹性是一个非常精巧的暗喻。凡尔赛宫历来被看成是法国王室处于顶峰时，其力量、辉煌和优雅的最有说服力的表达。今天的凡尔赛宫仍旧会让游客心中产生一种敬畏之感。一穿过主门，会经过三个庭院：首先是内阁院，它与勒沃所建的两翼和路易十四骑马的雕塑相连，是三个庭院中最大的。这里是孟格菲和皮拉特勒·德·罗齐埃在1783～1784年第一次尝试热气球升空的地点。紧邻其后的是御院，只有朝臣的马车可以进入。最后是大理石院，这是路易十三最初住所的核心所在。

　　宫殿之后，展现在视野中的是大约100万平方米的园林和喷泉。勒诺特第一次想要实施他"法国式"花园的设想。从布局对称的意大利式花园开始，他规划了新的呈放射状的林荫大道和小径，其间点缀的亭台、纵横的枝杈以及出人意料的林间空地激发了对空间的感知。几十年间各处又增加了装饰用的台阶、房舍、巨大的水池和喷泉。在园林的中轴线上，两个平行的水池唤作"碧水潭"，被

83左中 战争厅位于国王居所和镜厅之间。

83右中 和平厅位于镜厅的另一端。

83左下 国王居所的客厅以绘在屋顶上的神祇命名，包括丰腴女神、美神维纳斯、月神戴安娜、战神马尔斯、神使墨丘利和太阳神阿波罗。图为维纳斯客厅。

83右下 戴安娜厅（组成国王居所的六个房间之一）有一个贝尔尼尼雕刻的路易十四的半身雕像。

84左 拿破仑一世和奥地利的玛丽亚·路易斯结婚之后，考虑搬入凡尔赛宫使用王后居所（如图）。他的妻子将使用下面一层，他的姐姐宝琳娜则使用小翠安农宫。

84右 皇家礼拜堂由芒萨尔设计，最终由他的妹夫赫伯·德·科特完工，献给圣路易斯。上面的长廊留给皇室家庭和侍女使用，中殿是供朝臣使用的。

84~85 皇家礼拜堂的绘画装饰，由安东尼·夸佩尔、查尔斯·德·拉·福斯和让·儒佛内以勒布伦的风格绘制，以三位一体的主题进行创作。

二十四座青铜雕塑围绕；拉多娜池装饰着黑暗女神拉多娜的雕塑，以及太阳神阿波罗和月亮神戴安娜；阿波罗池展现了战车中的太阳神阿波罗；大运河与小运河交叉，形成周长超过4 800米的巨大的十字形蓄水池，这是最为绚丽的宫廷舞会的背景。众多花园轴对称性唯一的例外是小翠安农宫的英国花园，1762至1768年间由建筑师卡布里耶为路易十四兴建。其间种植了许多绚烂的异域树木，亭阁庙宇点缀，曲径交错。法国大革命期间凡尔赛宫遭到劫掠冲击，几乎废弃了50年，之后另一个国王恢复了它逝去的荣耀：1837年路易·菲利普开始修缮王宫，把南翼改造成博物馆以庆祝"法兰西的辉煌"，由此奠定了凡尔赛宫现代历史的基础。

85上 大翠安农宫是芒萨尔为路易十六的宫廷休憩而建。在中庭后面，粉色大理石柱的多柱大厅成为通往公园的入口。

85下 皇家剧场是一个椭圆形房间，装饰着雕刻镶金的木头。为了路易十六和奥地利的玛丽·安托瓦内特的婚礼之用，卡布里耶花了不到两年的时间就建成了它。

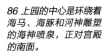

Peterhof
Russia
St. Petersburg

彼得夏宫

俄罗斯 —— 圣彼得堡

撰文 / 米里亚姆·塔维亚尼

86 上园的中心是环绕着海马、海豚和河神雕塑的海神喷泉，正对宫殿的南面。

87左 彼得夏宫的立面由皇家礼拜堂（照片中）的金色穹顶和鹰亭左右围住。

87右 彼得夏宫的巨大花园（被称为"海边的凡尔赛"）建有众多喷泉、水池和水榭亭台。

86~87 彼得夏宫大宫殿立面的正前方是阶梯瀑布，由建筑师拉斯提里设计。水流入半圆形的水池中，水池中央是力士孙打败狮子的雕塑。水再由此继续流入航海运河，直至芬兰湾。

沙皇彼得一世之所以被称为彼得大帝，是因为他的身高、他的成就以及他的建筑工程的规模。在一次西欧之旅中，凡尔赛宫给彼得大帝留下了深刻的印象。1709年在波尔塔瓦会战中打败瑞典的查理十二世之后，这位令俄罗斯向西方世界开放的沙皇决定建造一座夏季行宫，以庆祝他赢得了波罗的海的入海口。这座宫殿深受凡尔赛宫灵感激发，却比它更加辉煌壮丽。这座彼得夏宫，18世纪的俄罗斯最重要最超凡脱俗的宫殿动工于1714年。

彼得夏宫距离新都圣彼得堡29千米，沙皇于1712年将宫廷和政府都迁移到这座城市。彼得夏宫由德国人约翰·布劳恩斯坦设计，法国人让–巴蒂斯特·亚历山大·勒布伦德建造，他是凡尔赛宫花园的设计者勒·诺特的学生。1717年，勒布伦德也参与圣彼得堡新城的规划，彼得大帝监督并亲自参与，几份亲笔绘制的草图可以为证。

88 法螺喷泉靠近橘园。除去装饰作用，它也是散步小径的视线焦点。

89左 这对法螺被喷泉环绕。雕塑位于梯台的中心，俯瞰阶梯瀑布。

89右 参孙徒手撕开狮子嘴的雕像象征着彼得大帝在圣参孙日那天在波尔塔瓦战役中击败了瑞典。

89下 宫殿的中轴由北侧的航海运河和南侧上园的三个喷泉标识出。

　　来自法国的原型要在一个不同的环境中重新塑造：彼得夏宫位于一条平行于芬兰湾的长约两千米的条状地带，由下园和上园组成。下园是逐渐斜入大海的平地，上园是一个约107米×137米的长方形花园。两园之间是长约102米的大宫殿，该建筑的特色是它的表面有许多凹进和凸出的部分。宫殿原本建有两层，但18世纪中期，冬宫的建造者拉斯提里应女沙皇伊丽莎白一世之请提升了它的高度并赋予其雕琢繁复的巴洛克风格。令大宫殿在所有伟大的王室建筑中脱颖而出的是宫殿北侧的阶梯瀑布。来自阶梯瀑布的水流入宽阔的航海运河，运河两侧布满喷泉，直至最终流入芬兰湾。

　　阶梯瀑布的特色是众多的镀金雕像、花瓶和高约20米的喷泉，水流汇入的水池中央是力士参孙打败狮子的雕塑：这象征俄国击败瑞典。

　　彼得夏宫170处喷泉的用水来自罗斯宾山丘（Rospin）大约22千米以南，经过一系列特殊建造的天然和人工池、运河和水闸。

　　上园是一个法式园林，布局对称，建有一系列海神尼普顿，而下园是开放的且更加结构化。从阶梯瀑布向下呈扇状打开的是中心的航海运河，右边的林荫道通向隐士阁，左边的通向蒙普拉西尔宫。主喷泉之间都有曲径和直径连接，比如棋盘喷泉、蒙普拉西尔宫喷泉、罗马喷泉、金字塔喷泉、伞状喷泉和橡树与太阳喷泉之间；以及蒙普拉西尔宫喷泉、玛尔丽宫喷泉、亚当喷泉和夏娃喷泉之间。其他重要的喷泉包括位于大宫殿东侧的法螺喷泉，以及靠近玛尔丽宫的狮子喷泉和金山喷泉，上面有镀金的青铜台阶。宫殿东侧是亚历山大公园，19世纪初期，尼古拉斯一世在那里建造了一座更加简朴的私人住宅。

　　二战期间，持续900天的列宁格勒战役使彼得夏宫严重损坏，但它立刻就得到了修复和重建。时至今日，彼得夏宫仍旧反映出它的开明创建者的伟大。

90左 主台阶通向御座间，台阶上装饰着造型奇特的扶手栏杆。

90右 肖像屋有来自维罗纳的皮埃特罗·罗塔里绘制的368幅女性肖像。

90～91 御座间通过两排窗子采光，徽章和镶板上的装饰是相对朴素的镀金灰泥和肖像。大镜子的使用增添了漂亮的光色效果。

91上 听证厅的门窗和镜子围绕着拼接的壁柱。

91下 某些房间保存着皇家瓷器工厂生产的精致瓷器。

埃斯特哈泽宫

匈牙利 —— 费尔特德

Esterházy Palace
Hungary
Fertod

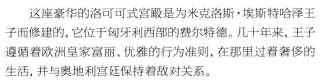

撰文 / 玛利亚·埃洛伊萨·卡罗扎

　　这座豪华的洛可可式宫殿是为米克洛斯·埃斯特哈泽王子而修建的，它位于匈牙利西部的费尔特德。几十年来，王子遵循着欧洲皇家富丽、优雅的行为准则，在那里过着奢侈的生活，并与奥地利宫廷保持着敌对关系。

　　最初的建筑是建筑师安东·艾哈德·马提内利于1721年建造的普通乡村别墅，但是1764年，米克洛斯王子被欧洲之旅的文化和世俗生活体验所感染，其实更多的是发扬家族传统，在维也纳宫廷的几位重要人物的支持下，亲自监督、大规模重修了这幢房子，并将其命名为埃斯特哈泽宫。

　　依照意大利建筑师吉罗拉莫·邦的建议，他以凡尔赛宫和奥地利的美泉宫为建筑蓝本。许多建筑师参与了这一项目，梅尔基奥·海费莱可能负责铁艺大门和朝向花园的立面，米克洛斯负责主立面，主立面在1766年稍许拉长，加入了大量洛可可时尚趣味的装饰。工程于1784年完工，最终的宫殿堪称"匈牙利的凡尔赛宫"，用米克洛斯王子自己的话描述"广厦华宇"，他自己也借此在自己的王朝赢得了一席之地。

　　宫殿的建筑呈马蹄形建造。位于中央的主建筑共有四

92左 被宫殿建筑围绕的埃斯特哈泽宫庭院，中心有一个巨大的圆形喷泉，四周被灌木和花床环抱。

92右 1764年，受托于米克洛斯·埃斯特哈泽王子，奥地利建筑师梅尔基奥·海费莱设计了宫殿中心建筑的立面，建筑立面俯视一个法国花园，花园如今已经不存在了。

92~93 梅尔基奥·海费莱设计的精致螺旋纹、希腊回纹和植物纹样铁艺图案，用来装饰通往二楼主阶梯的石头栏杆以及居所阳台的围栏。

93 埃斯特哈泽宫是典型的洛可可式建筑，受到意大利风格的影响。宫殿呈U形，两翼的房子作为冬季温室和画廊。

94左 埃斯特哈泽宫二楼布满了一系列的会客室和私人房间，这些房间的装饰华丽且充满想象力。一系列过道增强了建筑的空间感。

94右 宴会厅角落的彩色雕像《四季》是约翰·约瑟夫·罗斯勒的作品。

层，下面三层每一层都有十一面阳台窗，而位于正中的第四层只有三面窗户，所有的窗户之间都隔着巨大的壁柱。主建筑旁弯曲的两翼围成埃斯特哈泽宫的庭院，中间是一个喷泉池，池中央是小天使和海豚雕像。两臂最外侧的部分是只有一层的建筑，上面有大量的拱门、花瓶和铁艺装饰。宫殿的草坪、法国花园（已不存）和公园经常用来举办音乐会和聚会。

宫殿内部的126个房间全部位于中央的主建筑，这是唯一完好无损的地方。宫殿两翼建筑的许多景致已经被毁，包括木偶剧场、中国屋、艺术画廊、温室以及海顿曾经演奏乐曲的房间。海顿是埃斯特哈泽家族雇佣的音乐指挥。埃斯特哈泽家族是艺术家的赞助人，他们意识到好的音乐会给宫廷社会生活增添声望。

这里仍旧保存着约瑟夫·伊格纳茨·米尔多弗引人注目的壁画，他是应召来自维也纳的许多专业艺术家之一。他装饰了礼拜堂长廊和宴会厅，宴会厅中还可以欣赏到约翰·罗斯勒创作的雕塑。

19世纪末，宫殿在修缮后经历了一段长期的废弃；更近的一次修缮是在二战受损之后，埃斯特哈泽王宫因此恢复了大部分往日的光彩。

94～95 宴会厅是匈牙利晚期巴洛克式风格的典范。大理石、镜子和雕花板装饰富丽堂皇；过道、壁画和家具摆设都以精致的白色和金色灰泥垂花雕饰来勾勒。

95 许多房间安装了中式风格的墙板。1773年，埃斯特哈泽王子在这样一个房间中举行化妆舞会，招待匈牙利和波希米亚女王玛丽亚·特雷西亚。

The Sagrada Familia
Spain
Barcelona

神圣家族教堂
西班牙 —— 巴塞罗那

撰文 / 比阿特丽克斯·赫林
玛利亚·劳拉·沃格里

　　1883年，年轻的加泰罗尼亚建筑师、加泰罗尼亚现代派的代表安托尼·高迪·科尔内特受命建造神圣家族教堂。他激进地改变了弗朗西斯科·维拉原本的新哥特式设计（1882年），并花费了43年时间投入大量工作创造出他自己充满创新性的设计。突出的高度、特异的形式和自然化的可塑性，结合最初对颜色的运用，再融和众多抛物线、双曲线和螺旋面，产生出了不同寻常、才华洋溢的效果，在建筑的结构、形式和颜色之间产生出完美的一致性。

　　教堂设计的特色是伸向天空的笔直线条的大量使用。教堂共有一个中殿、四个过廊、拉丁纵长十字平面和三个过廊的耳堂，直到1926年高迪死时教堂仍未完工，至今依旧如此。三个立面的命名是诞生、受难和荣耀。它们的每个装饰和建筑元素都指示出各自的主题。象征着诞生的立面朝东，面向冉冉升起的旭日，通过独立的装饰性石块的可塑力量，表达力量和生机。繁复的装饰暗示着丰富和生命的喜悦，取材于地中海的动植物；这些动植物是这位加泰罗尼亚建筑师无尽的灵感源泉，他的自然和象征性的建筑语言源自其文化的根脉。蜿蜒的现代结构上面随处可见海龟、蜗牛、鹅、公鸡、小鸟，以及春花。三座大门象征着信心、希望和纯洁，这是基督教教义的基础。

96左 神圣家族教堂受难立面拱门下的雕刻代表了耶稣生命的最后时刻。

96右和97 这一立面有三个雕饰繁密的大门和四座钟楼，纤细的建筑有一种哥特式的味道。

98上 诞生立面的中心大门顶端以一个高高的塔尖结束。装饰的丰富多样象征着生命的富足。大门之后是四座钟楼,分别献给使徒马太、犹大、西门和巴拿巴。

98下 高迪风格突出的特点是陶瓷花砖拼成的覆面,这在桂尔公园也可以看到。

和诞生立面不同,西向的受难立面倾向于表达死亡所造成的无法挽回的损失。建筑不再柔和曲折,而是方正坚硬。六个风格化的飞扶壁,看上去更像剥除了肌肉的骨架,支撑着几乎没有任何装饰的结构,代表了上帝之子死亡的不幸和悲凉。立面上可见的装饰是秋冬的果实:栗子、石榴和橘子。直到八个钟楼中的四个钟楼的顶端,生命的希望才重新显现:尖塔的顶端上装饰着花朵和覆盖着鲜亮花砖的十字架,预示着耶稣复活的奇迹和荣耀。

荣耀是第三个主题,是南向未完成的立面的象征。高度从88米到110米不等的八个钟楼矗立于东面和西面立面上方,每个立面各有四座钟楼。十二座钟楼代表了十二使徒（另外四个待建的钟楼将建在南边）。最高的钟楼是献给基督的，高约170米，在将来会冠以闪亮的十字架，并被五座小塔（那是奉献给圣母和四位福音书作者的）环绕。新哥特式的拱顶、耳堂、地穴（高迪被葬在献给圣母的礼拜堂的地穴中）和外部的回廊是教堂全部完成的部分，但它们仍是互相孤立的。当不同的缺失部分补齐之后，建筑的整体感会更加明显。

据记载，神圣家族教堂丰富的装饰代表了信仰：外部的装饰讲述了耶稣从生至死的生活，内部的装饰则描绘了天国般的耶路撒冷。宗教赋予的灵感是至关重要的：天主教信条和大众的传统、神话传说和异教徒的象征手法融合在一起，形成了丰富的装饰，成为充满力量和视觉冲击力的建筑象征符号。

99左上 受难立面表达的是失落和悲凉感，即使是支撑门廊的六根纤细而充满张力的飞扶壁也表现出这种感觉，门廊中的雕塑方正，是用石块切割出来的。

99右上 光线穿过带孔的墙壁。高迪依照从一些哥特式大教堂的范例中获得的灵感，将光线作为神性存在的象征，使之成为神圣家族教堂的基本元素之一。

99左下 中心大门献给信仰，其顶部象征圣母加冕，而希望之门装饰着耶稣婴儿时的情景。

99右下 这个细节摄自受难立面，压抑的拙朴装饰与耶稣死亡的主题极为契合。所有雕像的脸都是悲哀的。

埃菲尔铁塔
法国 —— 巴黎

撰文／古列尔莫·诺韦利
玛利亚·劳拉·沃格里

亚历山大·古斯塔夫·埃菲尔为世博会而设计的埃菲尔铁塔已经成为巴黎最著名的景点之一和这座城市的象征。这次世博会是为纪念法国大革命100周年而举办的。

为建塔开始的调研始于1884年，但因为遭遇到许多问题，工程直到1887年才开始。26个月之后竣工。当时一家主流报纸《时光》上出现了许多反对埃菲尔铁塔的抗议，甚至有人提议在世博会后拆除它。异议之声也来自文化界，如查尔斯·古诺、莫泊桑、小仲马、纪尧姆·布格罗、欧内斯特·梅索尼埃、查尔斯·加尼叶，以及其他许多人。在建筑几乎只用砖石建造的时代，很容易想象人们的惊诧和某些人遭到冒犯的感受；毕竟，对于一座高数百米而又如此轻盈且建在城市中心的铁塔，人们不可能视而不见。建塔的目的是为了证明一种建筑材料的工艺能力、韧性和耐性，这种材料在当时（感谢工业革命）正日益流行。为实现这个庞大的"实验"，共需要将6 300吨预制金属部件集结至现场。

1908年1月由法国军方播放的第一条广播结束了关于是否拆毁埃菲尔铁塔的争议。由于使一种非常有力的通讯形式得以实现，且自身也成为一个现代的充满活力的巴黎不可或缺的一部分，埃菲尔铁塔最终得到了无限期存留的官方许可。

从1920年开始，埃菲尔铁塔成为了这座城市的象征，强调了首都的超前意识。许多诗人、导演、摄影师和画家从它的形式中获得了灵感。最早的先驱是点描法（与点彩法相似的一种绘画风格）的原创者布治·修拉，他在工程完工前的1888年把它作为绘画的主题。跟随其后的还有许多著名的名字：卢梭、西涅克、波纳尔、优特里洛、格罗梅尔、维依雅、夏卡尔。罗伯特·德洛奈1910年绘制的系列油画《旅行》（Le Tour）中的埃菲尔铁塔非常著名，它将铁塔的现代形式解读为立体主义。

1889年的铁塔高310多米，是世界上最高的建筑。1957年增加了电视天线，高度达到324米。塔基由四根巨大的弯曲柱子构成，共同支撑结构。随着高度的抬升，铁塔逐步变细，铁塔被三个观景台截成几部分。塔的整体设计是对承重力和风拉力进行研究后的结果。之所以采用巨大的镂空空间，是因为巨大的平面会产生对风的阻力。

铁塔有台阶和电梯通向三个观景台。第一层观景台有一个餐厅，顶部观景台

100左 埃菲尔铁塔是巴黎的象征之一。它上面排列了两万盏灯，每个小时的前十分钟都会点亮。

100右 埃菲尔塔把铁作为一种新的建筑材料。它逐渐变细的身影在一马平川的巴黎非常显眼，人们可以从城市的任何一个角落看到它。

100下 从1889～1930年，埃菲尔铁塔是世界上最高的建筑，直到1930年克莱斯勒大楼在纽约竣工。

102 这一系列照片显示了1887～1889年间从
塔基到顶部的建造过程。

有气象台、广播电台和电视转播天线，它一度也是埃菲尔铁塔的办公室所在。

除了形式方面，铁塔革命性的特色也在于它被感知的方式：过去的建筑，居民通常只能从一个方向看到，而埃菲尔铁塔在巴黎的任何一个角落都是可见的。

103上 在铁塔竣工大约70年后的1957年，塔顶安装了巨型电视天线。今天埃菲尔铁塔成为旅游景点，观光者可以坐电梯或从台阶步行到观景台，欣赏城市的风光。

103下 从塔基拍摄的照片显示出它的钢筋骨架。埃菲尔是著名的桥梁设计师，他的设计作品遍布欧洲。

The Tower Bridge
Great Britain
London

伦敦塔桥
英国 —— 伦敦

撰文 / 玛利亚·劳拉·沃格里

104 桥臂需要花费一分钟的时间充分张开，张开后呈86度。水泵发电产生的能量先储存在六个巨大的电容器里，然后再释放到发动机中。

104～105 塔桥是伦敦的象征，由何瑞斯·琼斯爵士和约翰·沃尔夫·巴里于1886至1894年间设计。泰晤士河中的两个高台作为基础支撑着两座对称的矩形塔。距离水面约44米的两个人行道连接两座塔，哥特复兴式双塔内仍然保留着当初抬起桥身的原始传动装置。

直到19世纪初，伦敦桥还是唯一一座横跨泰晤士河的桥梁。伴随着城市的经济增长，伦敦开始把自己建成欧洲的中心，它的人口急速膨胀。城市的基础设施迫切需要一系列改造和新增，尤其是连接河流两岸的方式。城市的西半部建造了一系列桥梁，但是直到19世纪中叶，虽然东区（已经是繁忙的河流码头）的人口已经增长，两岸新的连接变得至关重要，但新增的桥梁却不能干扰水上交通的连续。因此，1876年，"特殊桥梁或地铁委员会"成立，旨在建造新的渡河方式。共有50多份方案提交上来。1884年10月，城市建筑师何瑞斯·琼斯爵士和工程师约翰·沃尔夫·巴里凭借自己的桥梁方案胜出。

建造桥梁的巨大骨架需要11 000多吨钢铁，然后再铺设考尼什花岗岩和波特兰石。400多名工人参与了工程。何瑞斯爵士的最初设计是赋予桥梁一个中世纪的外观，和哥特复兴风潮保持一致，在当时的英格兰，哥特复兴式风格作为一种纯粹的英式风格非常流行，完全摆脱了法国或意大利学院派传统的影响。

105左 塔桥是英国建筑工程的骄傲，于1894年6月30日由威尔士王子（即后来的爱德华七世）启用，他的妻子丹麦公主亚历山卓陪同。为记录这一时刻，塔桥打开，允许皇家舰队通过。那时，塔桥每年开合约6 000次，但今天已经很少见了。

105右 在伦敦塔附近跨越泰晤士河一度只能坐船或者走伦敦桥，当局迫切需要建造另一种连接方式。1885年，议会通过了建造塔桥的决议。

106左 伦敦城用拉丁语书写的格言"*Domine, dirige nos*"（"主啊，指引我们"）以及圣乔治十字架和圣保罗的剑都可以在桥身的不同部分看到。

106中和右 塔桥最初的深色在1977年被替换成更加爱国的红色、白色和蓝色，以纪念伊丽莎白二世的银婚。

106～107 242米宽的塔桥连接泰晤士河两岸。移动的桥臂像开合桥那样开合，绕着巨大的铰链抬升和降低。铰链将桥臂连在桥基上。

107 支撑塔桥的双塔是维多利亚哥特复兴式风格。塔桥可移动的桥臂部分是开合式设计，而两侧的部分则是悬吊式的。

　　然而，琼斯爵士于次年去世，设计责任移交到巴里身上，他放弃了前者的建筑指导，引入了典型的维多利亚哥特式风格，一种更加自由、更具创造性的设计。塔桥最突出的元素在当时非常具有创新性：它是一座开启桥。它的路面高出水面仅9米左右，当必须打开桥梁以便水上交通通过时，所需时间只有90秒钟。

　　在跨越泰晤士河的29座桥中，只有塔桥具有可移动结构，虽然今天塔桥只需要每周开启几次。船坞如今集中在东部，船只不再需要通过塔桥向西行驶。

　　北塔中的液压传动装置直到1976年还可以看到，它负责抬升桥臂。这一年电动系统代替了已经过时的系统。南塔可以参观，其中有一个展厅，搜集了显示伦敦桥历史的图片。20世纪70年代末，塔桥重新上色，以庆祝女王伊丽莎白二世的银婚纪念，原本的深色被换成了更具爱国意味的红、白、蓝三色。

The Bauhaus
Germany
Dessau

包豪斯

德国 —— 德绍

撰文 / 古列尔莫·诺韦利

包豪斯是20世纪在建筑、设计和艺术教学领域最具影响力的研究机构。它在1919年成立于魏玛，由建筑师瓦尔特·格罗皮乌斯担任校长。学校的宗旨是融合艺术和手艺，将传统的贵族手工技艺转变为工业化的批量生产。

包豪斯是剧变时代的产物，当时的主流观念是毫无艺术感的批量生产的物品也可以经由艺术家变得美好，而包豪斯也成功地把工业产品和艺术创造力融合起来，生产出工业化艺术。

"包豪斯"一词指的是中世纪的建筑场地，在那里理论和实践必须在一个完整的艺术作品即结构本身中统一起来。在包豪斯中，教师被称为"师傅"，学生分为"学徒"和"工人"。尽管学校完美地与时俱进，但它短暂的历史充满了经济困境、政府机构的敌视以及"师傅"们之间的不睦。

包豪斯经历了三个主要时期，这恰好和其地理位置的变更巧合：1919～1924年魏玛的晚期印象主义阶段；1925～1930年的德绍阶段，其特色是现实主义的希望以及与前一阶段的冲突；1930～1933年德绍–柏林的现实主义阶段。

德绍阶段是包豪斯学校开始自主发展的时期，它不仅自主决定所教的课程，而且还设计了学校自己的建筑。学校的建筑和工作室正是在德绍建造的。这一座新的中心由格罗皮乌斯设计，是一座给每个在学校工作的人使用的多功能建筑。它包括一座教学楼，一座嵌有玻璃外墙的工作室，一座含有办公室、图书馆和指导者研究室的综合建筑。

包豪斯中心建筑的灵活性是由各独立建筑的清晰区分和结构安排而形成的，反映出对不同区域的清晰定义，而对特定材料的使用进一步明确了各独立功能的区分。

格罗皮乌斯将包豪斯中心与文艺复兴和巴洛克建筑相比较，后两者是围绕一个中轴形成左右对称的立面；而反映现代精神的德绍建筑具有三维的特征，并不偏向任何一个方向。因此格罗皮乌斯喜欢展示包豪斯的鸟瞰照片。

他也为师傅们设计房子。房子的平面图形成一个S形，两个L形的手臂呈180度旋转。格罗皮乌斯以此方式应用他关于可塑性的理论。

在包豪斯建筑内部，摆设的是学校工作室设计并制造的物品。在落成揭幕之日，来访者首次看到嵌有玻璃幕墙的创新建筑、在学生宿舍墙外带有铁艺栏杆的小阳台，以及仿佛融入彼此光亮的并列墙壁时，一定感到非常惊讶。

包豪斯建筑是所有艺术结合的成果，是对生活文化，确切地说是实现生活质量的新观念的结果。

109上 格罗皮乌斯的图纸显示了包豪斯蕴含的哲学，即建造一个具有美学价值的工业建筑。

109中 瓦尔特·格罗皮乌斯设计的学校由三个独立的建筑组成，包括教室、工作室和办公室。包括钢筋水泥在内的新型材料的使用，可见的钢筋结构、玻璃幕墙以及三栋建筑的有机结合实现了格罗皮乌斯的真正目标，在现代建筑中重建文艺复兴时期宫殿的灵活典范。

109下 包豪斯学校在建筑革新领域产生了巨大影响，它的内部反映了学校对工业艺术的重视。

乔治·蓬皮杜国家艺术文化中心 | The Pompidou Center
法国 —— 巴黎

France
Paris

撰文 / 古列尔莫·诺韦利

1971年，应法国总统乔治·蓬皮杜的倡议，一场国际设计竞赛开始了，目标是在法国巴黎建造一个融合各种艺术原则的重要的新文化中心。最终伦佐·皮亚诺和理查德·罗杰斯的设计中标。工程于1972年4月开始，中心于1977年1月31日落成揭幕。

该建筑占地约11 150平方米，位于巴黎的中心，其独特的外观享有"城市机器"之称。皮亚诺－罗杰斯取胜的理念不在于占用整个空间，而是在正对入口的地区保持一半的地方空旷，就像一个巨大的广场。每天，游客、参观者、漫画家、街头艺术家云集于此。

乔治·蓬皮杜国家艺术中心拥有一个现代画廊，以及为临时性艺术展览和表演而提供的展厅。这里还有一个图书馆、一个书画作品展区、一个视频区、一个建筑设计和图纸展区、一个工业创意中心、一个专业的音响和音乐研究中心（IRCAM），以及重建的雕塑家康斯坦丁·布朗库西的工作室。

设计旨在提供一个灵活的空间，以便进行文化体验和交流。通过创造一个没有障碍物的开放空间实现了这种可能性，其中的设备和设施可以根据需要调整。

110~111 文化中心的设计是为了纪念法国前总统乔治·蓬皮杜，由建筑师理查德·罗杰斯和伦佐·皮亚诺设计。建筑包括一个现代艺术画廊、一个图书馆和一系列用于临时展览的跨领域的空间。

111 光亮是巴黎蓬皮杜中心内部的一个描述性特征，中心给予观光者尽可能开放的区域。建筑结构和其中的设备被突显，而不是隐藏起来，从而在内部和外部创造出艺术和工业的奇妙的混合体，概括起来就是"城市机器"的概念。

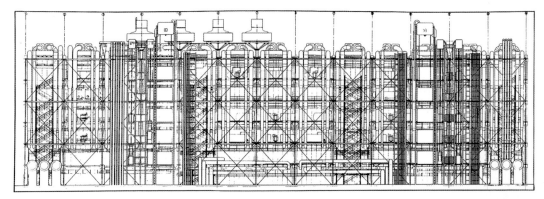

112上 伦佐·皮亚诺的草图显示了中心的立视图，各种设施错综复杂地纠缠在一起。

112左 整个建筑看上去像一个巨大的工业建筑，由钢筋大梁和涂色的管子组成。管子涂上不同的颜色，表示它们的不同用途。

112右 巴黎圣母院上的滴水嘴在远处困惑地俯视蓬皮杜中心。从这里看，中心像悬挂在船坞管形结构之间的一艘船，正等待启航。

清晰透明是这一建筑另一不同寻常的特征。建筑由7 432平方米的巨大"平台"组成，没有内部的隔断或中间结构。建筑被允许向市民开放，因而成为一个活跃的聚会场所。

和蓬皮杜中心出现之前的建筑不同，钢筋铁架、步行道和各种设备的管道都开放地呈现在建筑外面，由此创造出一种新的美学，体现了博物馆功能性和有机性的统一。

外在可见的巨大管子涂上不同的颜色，每种颜色和不同的功能相关：蓝色用于空调管，黄色用于电缆，红色用于循环，绿色是液体。尽管它的外表像一个由杆子、框架和小心组装的管子构成的机器，但这个庞然大物设计得更像一个手工艺品。按照伦佐·皮亚诺的说法，博堡"是一个巨大的模型，一个一部分又一部分逐渐制作出来的手工艺品"。

这项工程需要极高的精确度和技术，特别是彼得·莱斯设计的结构。建筑师、工程师和建造者的合作使之成为可能，通过对一个工业产品的再设计过程，他们创造出了富有特色的悬臂梁（gerberettes）来支撑外墙。

皮亚诺和罗杰斯的建筑既富有机械感，又有纪念意味，是现代都市充满活力的典型象征。

蓬皮杜中心南面与一栋后来修建的建筑相呼应，建筑中包括一个音响和音乐领域的研究机构——IRCAM。

114和115 中心的外面排列着步行道、透明画廊和公共看台，这里视线绝佳，可以眺望博堡区和巴黎。

114～115 扶梯把观光者从广场带到眺望平台和内部。钢筋和玻璃的使用（这张照片是很好的实例）使美学概念得以实现，这在设计蓬皮杜中心的20世纪70年代是革命性的。尤其是可视的承重结构、外部的走廊和涂色的管子强调了中心的功能性，和建筑的实用性结合起来构成有机的整体。

The Louvre Pyramid
France
Paris

卢浮宫玻璃金字塔
法国 —— 巴黎

撰文／古列尔莫·诺韦利

116左 金字塔的内部显示出它建造的原因——博物馆需要一个将公众分流至博物馆不同分区的更有效的途径。

116右 为了达到几何学的对称，建筑师贝聿铭在大金字塔下建了这个倒金字塔，正对着一个同样形状的实心小金字塔。

117左 美籍华裔建筑师贝聿铭遵循瓦尔特·格罗皮乌斯的哲学。他设计了许多创新的建筑，包括柏林的新德国历史博物馆。

117右 照片显示出工程分为两个阶段，金字塔建于第一阶段，始于1987年，当时遭到了强烈的批评。

117下 金字塔于1989年建于卢浮宫的拿破仑庭院，它只是整个工程可见的一小部分。更大的地下扩建工程使博物馆更便于公众使用。

巴黎的卢浮宫博物馆建于1793年，它位于富丽堂皇的法王王宫中，收藏了大量的艺术品。20世纪80年代，卢浮宫进行了一次扩建，以适应不断增长的观光者的需求。

建筑师贝聿铭的扩建工程分为两个阶段（1987年和1993年），这一工程成就了"伟大的卢浮"。

著名的金字塔属于第一阶段，它矗立在拿破仑庭院一个地下厅的上部。两侧由小金字塔拱卫。通透的结构使光线直达连接博物馆各部分的地下中心。

卢浮宫的扩建使它更便于分流观光者前往博物馆的不同地区，同时提供了一系列便利的服务：一个信息中心、多个分检票台、一个图书馆、一间休息室、一个衣帽间和一个礼堂。

连同小金字塔，大金字塔是巨大的地下空间建筑唯一可见的部分。

透过玻璃表面显示出金字塔的细钢筋结构，与喷泉的结合形成了充满力量、令人印象深刻的景观。

仅仅把大金字塔称为地下中心的良好光源对它来说是不公平的。它是一个参照物，一个衔接历史和现代的可见地标。

选择完全通透的结构是有意为之，金字塔的形状代表了纯粹和本质的理念，它和巴黎博物馆宏大的立面风格十分匹配，从而避免了两者之间的比较。

主体金字塔和两个附属小金字塔在夜晚变得更加美丽，玻璃结构变成了巨大的天窗。

The Guggenheim Museum

Spain
Bilbao

古根海姆博物馆

西班牙 —— 毕尔巴鄂

撰文 / 古列尔莫·诺韦利
玛利亚·劳拉·沃格里

120左 设计师弗兰克·盖瑞在加州圣莫尼卡的家中，这是他解构主义的第一个实例。

120右 1999年，一个名为"母亲"的巨型风格化蜘蛛雕塑由路易斯·布尔乔亚安置在古根海姆博物馆前面的广场上。这座雕塑由青铜和钢铁制成，在艺术家脑海中唤起了母亲的形象，她既是母亲，也是一个性格可怕的生物。

120～121 毕尔巴鄂的古根海姆博物馆被看成是当代艺术的"展览机器"，它本身也是一个艺术作品。

古根海姆博物馆是毕尔巴鄂文化和城市复兴的建筑与形象象征。这一建筑是巴斯克政府试图重建政府形象和城市身份的成功结果，也是古根海姆基金会的成功，基金会的目标是为研究和艺术创造提供支持。

"建造这座博物馆就像建造圣母院。圣母院以及其他建于中世纪的主座教堂，被建造成为城市的焦点，城市围绕它们发展，它们承担了城市中心的功能，在宗教建筑的象征意义上更是如此。"这番关于主座教堂的世俗见解和概念阐述出自博物馆的建筑师弗兰克·盖瑞之口。

这座建筑于1997年完工，它以独特的雕塑形式在纳尔温河左岸占有重要地位，突出的外形在城市轮廓中犹如一艘船。博物馆特别柔和的外形倒映在水中，被风吹皱，加上天空不同色调的反射，看上去充满活力，那是因为博物馆表面薄薄的钛层的缘故。像鱼鳞一样排列的钛板交叉在玻璃、钢筋墙以及光滑的米色石块幕墙中。

设计这样一个复合性建筑，其复杂性在于它的形式和空间的概念完全自由（盖瑞大部分作品的特色），弯曲的表面个性突出，设计师引入了在航天工业中使用的先进的计算机化设计系统将其实现。

121左 毕尔巴鄂的古根海姆博物馆的设计是对戏剧性的自然形式的一次试验。

121中 在约11 000平方米的博物馆中展出的作品由于它们不同寻常和流动性的分布方式而增强了效果。

121右 巨大的艺术作品在巨型展室中拥有充裕的空间。

122左 毕尔巴鄂的古根海姆有一个礼堂、一个饭馆和各种商业与行政区域。

122右 内部试验性的布局以巨大的展示空间而著称。

122～123 航天工业使用的复杂设计系统创造出古根海姆博物馆柔和的、倾斜的线条。

出人意料的建筑形式和多样的剪影反映出设计师的创作天份："我认为博物馆必须臣服于艺术，但是和我交谈的艺术家们说'不'。他们想要一个受人赞美的建筑，而不是一个中性的容器。"

在建筑内部，从巨大的中庭到侧翼和大型画廊之间目光可以穿梭无碍。自然光从上面和玻璃墙泻入。展示区域约11 000平方千米，分布成19个规则和不规则形状的画廊，这些画廊从外面可以由它们四方的石头立面和蜿蜒的金属侧面辨认出来。各种当代艺术作品的尺寸与形式往往不能与传统展览空间谐调，在巨大的画廊中显示出来好像就重新回到了正常的透视关系中。

123上 古根海姆的设计结合了立体派和未来派扭曲和呈面的线条形式，充满现代感。

123下 相对于中性的建筑，博物馆内部富有吸引力的形式更加适合作品的展示，鼓励人们对展品进行沉思。

外部雕刻般的表面排列着33 000块像鱼鳞一般的钛金属板，它们在阳光下产生出吸引人的彩色效果。

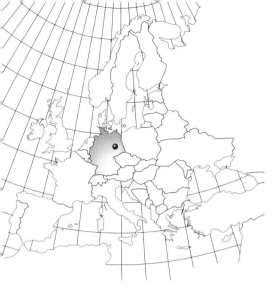

国会大厦
德国 — 柏林

The Reichstag
Germany
Berlin

撰文 / 古列尔莫·诺韦利

这个德国政府机构的重建由诺尔曼·福斯特爵士负责，它谨慎地遵循了德国重新统一之后所发生的社会和政治变化。结果是这一技术先进的建筑成为新柏林天际线的象征。

19世纪建成的旧国会大厦毁于第二次世界大战和后续的一些历史事件。在拆除过程中，旧的建筑结构显现出来，上面承载着某些重要的历史轨迹。福斯特对此评论说："我们发现呈现在我们面前是这样一栋建筑，它业已改变的象征对当代德国人几乎毫无意义。最简单的方式是拆除国会大厦，在现存框架之地上插入一个现代建筑。但我们越是深入透视建筑的意识，就越发认识到历史仍在其中回荡，我们无法简单地把它抹去。"因此福斯特才决定保留原先的结构，让它呈现其代表的不同历史层面。新的设计在过去和现在、在巨大的原始结构和新的透明穹顶之间创造了一种对话。

所有政府相关的活动都可以看到，因此选民或游客能够观察工作时的众议院。国会搬回一层。二层是总统和部长们使用的房间。三层设有会议室和国会休会期间人员的入口。

126左 屋顶上的巨大玻璃穹顶与1894年建成的原本的穹顶一脉相承，而且它给国会大厦的游客提供了绝佳的柏林全景。

126右 二战结束后的1949年，西德首都迁往波恩。尽管如此，1956年西德政府仍旧决定保留国会大厦，没有拆毁。

126～127 灯笼形穹顶的窗户倒映出国会大厦四个方塔中的一个。这一建筑既是国会议院，又是旅游景点，在现代柏林占有重要地位。

127 旧国会大厦在纳粹时代及其之前是德国的政治中心。它是一座严谨而精致的19世纪建筑。诺尔曼·福斯特的重建尽可能保留了原有的结构，同时清楚地增添了现代元素，如由玻璃和钢筋构成的穹顶。

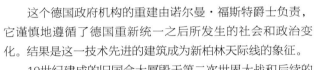

在这些工作区域的上方，公众可以参观屋顶的平台，那里通向一个餐厅和建筑的穹顶。由钢筋结构和玻璃幕墙建成的灯笼状新穹顶（高约23.5米，直径约40米）很快成为新柏林的象征。穹顶内部的两个螺旋形斜坡允许参观者从上方观察国会，这一特点显然带有明显的象征意义，体现了公民对政治生活的直接参与。穹顶是建筑构成的一个决定性要素，与外部世界的光亮度、透明度和渗透性进行交流。事实上，它也是公众领地的一部分。对于建筑内部能源和光线的使用，它也发挥着重要的作用：这个未来主义风格的结构的核心是"光雕塑家"（底部直径约2.5米、顶部直径约16米的倒置锥体），由360片镜子仔细地排列而成。

这个锥体具有非常重要的技术性和结构性功能，它在福斯特诗意的创造中扮演了重要的角色。

"光雕塑家"实质上是一个"倒置的灯塔"，它吸收穹顶外的自然光，向下输入到议会大厅。同时，一块自动化的移动屏幕会随着阳光的角度变化自动控制和调整进入穹顶的热量和阳光，阻挡热量和阳光直接进入。

这个过程在夜晚颠倒过来，议会大厅中的人造光被反射到外面，照亮穹顶，使它像个灯塔，柏林人都可以看到。除去对建筑内部的光照意义重大，倒置的锥体对国会中使用的自然通风系统也具有决定性的作用。

国会大厦是可持续性建筑设计的典范，它在节约能源的同时保持了高度的舒适。它反映出建筑师对提升内部环境质量的巨大关注，而建筑的内部环境与我们的生活质量以及公开与私人环境中进行的日常活动紧密相关。

诺尔曼·福斯特爵士对于该建筑的社会性给予了谨慎的关注，在把建筑提升到公众艺术层面的同时，又保持了对社会文化和思潮背景，以及公众需求的敏感。

128 统一后的德国国旗在国会大厦的一个方塔上飘扬。议院于1999年四月迁入新国会大厦。

129上 光雕塑家是一种灯塔，白天，它从外面吸收光，利用可调式镜系统把光反射到内部；晚上则逆转这一过程，将建筑的穹顶变成一种灯光雕塑，人们可以在柏林的任何地方看见它。

129左 360片镜子在穹顶中心呈倒置的锥体（被称作"光雕塑家"）排列。这张照片显示了部分镜子。

129右中 图片显示的是1999年4月19日的新国会大厦落成典礼。游客可以看到头顶上方建筑顶部的"眼睛"。

129右下 议会大厅使用光雕塑家提供的自然通风系统换气。

艺术和科学城
西班牙 —— 巴伦西亚

撰文 / 古列尔莫·诺韦利

艺术和科学城距离巴伦西亚市中心约5 000米，是著名的建筑工程师桑地亚哥·卡拉特瓦拉设计的。

艺术和科学城的地基建在一个长条地带上，由两条十字路分成三部分，位于图里亚河岸边，另一边是高速公路。

艺术宫坐落在北边部分，海洋馆在南边，中心部分是天文馆、科学馆和入口通道。入口通道采用柱廊的形式，名叫"长廊"，其中有一条覆盖着植物的通道，平行于建筑群的主轴。

"长廊"长约107米，宽约21米，就像一个温室，装饰着55个固定的拱门和54个18米高的高低起伏的拱顶。这个奇特的轻结构下面是一个大型停车场。

通道的对面是天文馆；这个椭圆形结构有一个巨大的贝壳，可以从上至下打开，使用的是金属和平板玻璃构成的复杂的机械系统。贝壳由倾斜的边缘环形结构支撑，贝壳内部容纳的半球形天文馆房间由钢筋混凝土建成。

沿着主轴继续走，参观者来到艺术宫。卡拉特瓦拉的雕塑建筑为巴伦西亚提供了一个技术先进的基础设施，专门用于古典和现代音乐的演出。

这个现代而高效的礼堂成了大街一个有力的终止符，迅速成为城市风景的象征符号。

130 天文馆的长廊环绕着半球形的房间。

131 艺术宫位于场地的北部。

130～131 天文馆充满现代感的独特椭圆形贝壳由金属和玻璃板构成，其内部包含着一个半球形的房间，完全由钢筋混凝土建造。

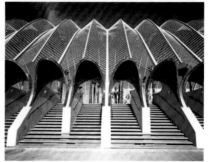

天文馆之后，一个长方形的建筑是菲利普王子自然科学博物馆，其外观是对横截面的模块化重复组合。这个建筑有3 344平方米的展厅用于科学和技术。

阶梯和夹楼便于参观者亲身体验一些特殊的主题，而不仅仅是欣赏它们。一系列10米宽的混凝土拱门横跨房间。巨大的肋状屋顶具有玻璃和钢筋立面，正对花园，建筑南侧由一系列白色混凝土拱门保护。

在主轴的另一端，科学与艺术城南部区域的建筑群中是海洋博物馆。

一个人造湖沿岸设置了不同的场馆，彼此由人行道和小径相连。在地势最低处有水下通道和斜坡。在各种可见的形状和形式中，最突出的是地中海馆和庞大的海豚馆，它们夸张的结构如此轻盈，暗示着海洋生物起伏的外形。

卡拉特瓦拉作品的基础是亮度和通透性，以及掌控建筑结构的力量。在艺术和科学城，这位西班牙建筑师用水环绕他的建筑，进一步发展了这些主题。以这种方式，这些充满建筑张力的模块好像漂浮在水上，光线的诱人效果成倍提升。

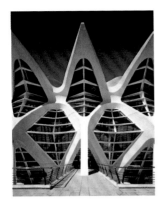

132上 俯瞰正在建设中的整个场地。

132左 卡拉特瓦拉的模型显示了场地中各建筑尖顶拱的设计。

132右中 照片显示的是入口的大街。这个轻巧的门廊名为"长廊",长约106米,宽约21米。

132右下 长廊的内部有上百个拱顶,看起来犹如一个温室。

133左 科学馆令人惊叹的拱形结构由巨大的玻璃和钢框窗户增加了美感。

133右 巴伦西亚的科技馆是基于互动性而设计的,要让公众参与其中。

132~133 科技馆是一个梯田状的长廊,覆盖着奇特的肋骨状屋顶,立面由玻璃和钢筋建成,这增加了结构的亮度。巨大的白色混凝土门拱支撑着整个结构。建筑整体的平面呈长方形。

134左 白色混凝土的使用，以及将几乎所有事物都涂成这种白色增加了博物馆建筑的现代感和亮度。与内部相联系的一系列外部的横向门拱、阶梯和夹楼进一步增加了结构的亮度，并和谐地融入其他建筑中。

134右 被一系列小灯照亮，支撑科学馆外层结构的拱顶交织在一起，让最后一道晚霞穿过。

134~135 内含天文馆的巨大的混凝土半球体像是一个含着珍珠的贝壳。这张照片展示的是它在艺术和科学城建筑四周一个水池中的倒影。

135上 夜晚的光影把天文馆和科学馆变成带有透明贝壳的奇异史前生物。

135左 天文馆的外壳设计成可以从上至下用复杂的金属和玻璃机械装置打开。

135右 艺术与科学城是新巴伦西亚的象征。这个吸引人的建筑于2003年开放，重新推动了旅游业以及这座西班牙城市在新千年中的角色。

犹太博物馆
德国 —— 柏林

撰文 / 古列尔莫·诺韦利

犹太博物馆是柏林城市博物馆扩建工程的一部分，由解构主义大师丹尼尔·李博斯金设计，位于首都的巴洛克中心。该机构用于保存见证犹太人遭受迫害的文件和物品。它独特的闪电状外形像一颗扭曲的大卫之星，它矗立的地方是犹太知识分子曾经工作过的地区在城市地图上的交汇点。建筑的封闭感很强，基本与外部隔离，因为没有直接的入口。要进入柏林城市博物馆的犹太博物馆，必须先进入旧的建筑，顺着一条地下通道才能到达。

用来渲染气氛的柔和而间接的光线不是直接从窗户穿透进来的，而是通过内衬锌板的建筑上一系列像伤口一般的口子。

一旦进入内部，参观者就会面对三条环绕着博物馆的路径。第一条，沿着弯曲的小径，展示的是德国犹太人自罗马时代以来的历史文献。第二条通向约12米高的大屠杀纪念塔，这是一个近乎完全封闭的空间，只留一条狭长的窄缝。要向外看是不可能的，参观者甚至不知道自己身在何处。

第三条路通向"应许之地"，那里有一个倾斜的楼板，楼板上49根混凝土立柱支撑着种植的橄榄树。

新犹太博物馆立刻就成为柏林到访人数最多的地方之一，前来的既有旅游者，也有城市居民。独特的博物馆可以让犹太社区重新发现他们的历史和文化传统，同时也将自身推向艺术体验的前沿。

136 博物馆的内部就像其外在一样充满戏剧性。简单空旷的房间沿着代表犹太人历史的三条通道排列。它们通向大屠杀纪念塔和应许之地，博物馆中的这两个地方更多是精神体验的空间，而不是冰冷的纪念馆。

137左 博物馆的窗子就像伤口，暗示着建筑被设计成一段痛苦的体验，从参观者接近它的一刻就能感受到，就像大屠杀纪念塔一样。

137右上 这座解构主义风格的博物馆位于柏林的巴洛克中心。

137右中 李博斯金没有给建筑设计一个直接的入口。要进入犹太博物馆，参观者必须经过隔壁的柏林城博物馆。

137下 引人注目的闪电状柏林犹太博物馆是丹尼尔·李博斯金设计的。

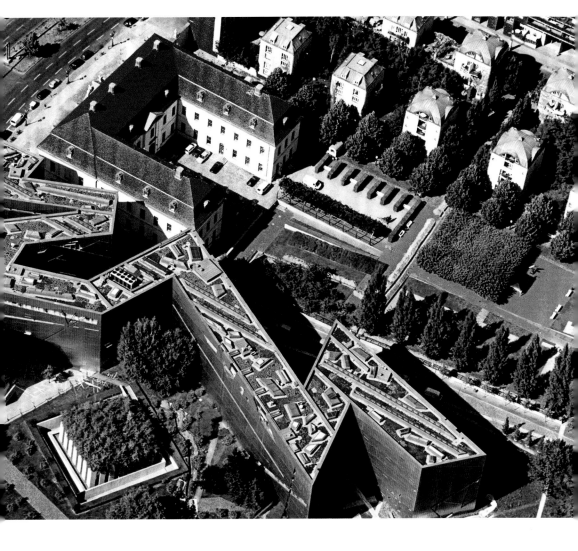

音乐公园
意大利 —— 罗马
撰文 / 古列尔莫·诺韦利

建筑大师伦佐·皮亚诺设计的音乐公园是近几十年来在罗马所建的非同凡响的工程之一，并且成为了经济、艺术和传媒的成功典范。

音乐公园的建筑群由三个单独的建筑组成，每个建筑都代表着乐器，它是永恒之城——罗马的又一次发展。通过将巨大的空旷地区变成一个完美组织的空间，罗马又得到了一块新的城区。

音乐公园占地30 000余平方千米，现在种有树木400棵，因此成为一个新的城市景观。

葱翠的草木环绕着露天的圆形剧场——设计的中心，在那里会举行舞台演出和音乐会，剧场可容纳多达3 000名观众。围绕着这个露天场所安排了三个音乐厅：演奏管弦乐的圣赛西莉亚厅（2 700个座位）、演奏室内乐的西诺波利厅（1 200个座位），以及演奏现代和实验音乐的十八世纪厅（700个座位）。

各建筑的独立布局有利于提升它们的音响效果。

三个大型音乐厅（在伦佐·皮亚诺眼中代表着乐器）暗示它们是当代音乐殿堂中的殿堂，铅衬一直铺设到屋顶。

建筑和音乐的结合产生了许多技术方面的特点，对声学的研究和恰当材料的使用产生出近乎完美的音质。

屋顶由长条木制横梁薄板构成。每个音乐厅的室内都用美国樱桃木板做衬里，这种木板的物理特性能使音响效果最优化。

所有音乐厅都安装了录音设备，每个音乐厅都有不同的尺寸和空间布局。

在挖掘地基的过程中，一个罗马别墅地基的发现改变了最初的计划。伦佐·皮亚诺决定，废墟可以成为设计的一个特色，并将其融入了一个音乐厅的休息室中。

138 三个音乐厅好像用铅铺就的巨大贝壳，由木制薄板横梁支撑。它们尺寸各异，但共同构成"音箱"，即拥有绝佳音响效果的乐器。

139上 罗马音乐公园的木制模型清楚地显示了三个巨大的穹顶形的建筑，穹顶中的音乐厅分别用于演奏交响乐、室内乐和现代音乐。音乐公园由意大利设计师伦佐·皮亚诺设计。

除了三个"大音箱"和圆形剧场，这个建筑综合体还包括一个乐器博物馆、一个图书馆、众多办公室和一系列服务、商业、娱乐和展览用的房间。

音乐厅的灵活性适合上演歌剧、室内乐或巴洛克音乐、交响乐和戏剧。这些音乐厅是由内向外设计的，其中的每一个细节都得到了关注，并体现了能工巧匠的精神和细致。

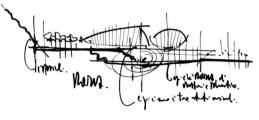

139中 在整个建筑综合体中圣赛西莉亚厅是最大的。它可以容纳2 700人，用于管弦乐演出。室内材料的选择和空间的形状营造了近乎完美的音响效果。

139下 伦佐·皮亚诺绘制的草图立刻清晰地表达了他的想法：建造三个独立的大型空间，以便达到最佳的音响效果和音质。它们代表了建筑和音乐的完美融合。

The Swiss-Re Tower
Great Britain
London

瑞士再保险大厦
英国 —— 伦敦

撰文 / 古列尔莫·诺韦利

位于伦敦市内城（金融城），由诺曼·福斯特设计的瑞士再保险大厦是一座形状特异的塔，它有41层的办公区和一个可以从新广场进入的商场。这座充满空气动力学动感的摩天大厦和周围的城市风景之间产生了非比寻常的对话，旁边同样尺寸的长方形塔楼使它的身材显得更加细长。产生这种效果的主要原因是建筑外层的曲面减少了反射，并提升了建筑的透明度：这又在大厦的内部与外部创造出一种直接的关系。

大厦基部的层高是标准高度的两倍，为公共区域，是一个带有屋顶的广场，并设有长椅、一个咖啡馆和许多商店。大厦的设计在技术和环境方面是革命性的，并配备一个自然通风系统。新鲜空气进入覆层的通风槽，在压力差下自然分送到整个建筑。使用过的空气可以作为热源循环使用，然后排出。这个高效的系统意味着可以减少一年中大部分的空调运转，从而节约能源。

大厦基部呈放射状布局，为圆形，但它的新奇之处在于它引起了对典型的垂直建筑结构的质疑。每一层都略微比下层旋转一点，形成一个上升的螺旋。这个不同寻常的建筑内部有一系列悬挂的花园（它们也遵循旋转的曲线）面对相邻的房间。

从大厦内部眺望城市，"玻璃温室"创造出不同寻常的视野。而从外部，这些房间分解了大厦这个庞然大物，允许观察者看到内部。

这栋"生态负责"的建筑的重要品质在于，它对使用者的可用空间进行最优化，鼓励人们使用共有空间。

140上 瑞士再保险大厦有41层，呈雪茄形，是诺曼·福斯特最具灵感的设计之一。

140下 大厦基部呈放射状布局，不像周围四四方方摩天大楼。

141左、中 照片显示了大厦建造过程中的三个时刻。上图中我们看到的垂直曲率使得建筑的最大周长并不像常规逻辑预想的那样在底座，而是在26层。建筑由此向上逐步变细并减轻，由于使用了革命性的材料和技术，使得看起来不可能实现的建筑达到了平衡。

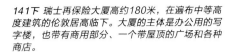

141右 由横梁框架支撑的玻璃板顺着建筑的曲面铺设，产生一种透明的效果，在全日光下尤其明显。覆层上的通风槽提供自然的通风系统，把空气分送到各处。

141下 瑞士再保险大厦高约180米，在遍布中等高度建筑的伦敦居高临下。大厦的主体是办公用的写字楼，也带有商用部分、一个带屋顶的广场和各种商店。

非洲 Africa

撰文 / 亚历山大·卡坡蒂菲罗

　　"埃及文化终结已经2 000多年了，但我们仍旧被它的'存在'主题深深打动：这些主题包括埃及文化的从属地位，以及埃及文化的生命、存在和时间。"当现代的人们观察宏伟的埃及建筑时，建筑史家克里斯杨·诺伯格–舒尔茨的话一语中的。

　　古埃及的文化在公元7世纪随着阿拉伯人的征服而结束，我们对于古埃及以及"它所拥有的许多神奇的事物"的认识，都来自希腊文献——来自希腊语言文化的旅行者和学者的记述。他们在基督教的传播改变这个国家之前拜访过这里，在拜占庭占领和阿拉伯征服者忽视埃及之前到过那里。黄沙掩埋的废墟只是浮现在他们及后来者的日记中，直到第一批考古学者和科学家同伴们随着拿破仑1799年远征埃及而来。远征报告激发了欧洲人的"同情"，其中科学兴趣和对异国情调的迷恋混合在一起，加之埃及建筑与当时的新古典主义风格相契合更加助长了这种感觉。早期的考古行动引发了最早的文物收藏，这些文物现在可见于欧洲的各大博物馆。商博良比较研究了拿破仑远征时发现的罗塞塔石上的希腊和埃及文字，于1822年成功地破译了古埃及的象形文字，使埃及学和考古学研究可以对保存至今的文献材料和建筑遗产提供更加深入的理解。

　　且不提埃及旧石器时代和新石器时代几千年的历史，早期人类定居点都集中在尼罗河沿岸和绿洲地区。农业在公元前3000年左右的早期历史阶段发展起来。埃及人居住在尼罗河三角洲每年洪水泛滥后沉积的地区。他们在肥沃的平原上工作，和东方土地上的人们进行贸易。在南方和努比亚地区，村庄散布在尼罗河两岸的绿地和沿岸，利用河水提供的便利往来交通。一旦村庄发展成城市，这块地域就组织成了由南北两个王国庇佑下的地区。南部的统治者成功地统一了两个王国，建立起政治权威、管理系统以及最重要的东–西文化模式。就如埃及学者库尔托所说，3 000多年以来，法老们、托勒密王朝和随后的罗马皇帝把自己描绘成"带来统一的神的化身"。公元前4世纪的埃及祭司和历史学家马内松把法老历史分成三十一个王朝（公元前2850～公元前333年），之后是托勒密王朝（公元前332～公元前32年）和罗马时期（公元前32年～公元394年）。古埃及建筑以轮廓分明的几何设计占主导，与尼罗河的风景和谐地融为一体。尼罗河形成国家的中轴，它从南向北流淌。太阳自东向西的轨迹代表第二个中轴。河流肥沃、适宜耕种的河岸被分割成相互垂直的农田，一直延伸到点缀着山脉和绿洲的沙漠边缘。金字塔充满立体几何感的形体、神庙的轴线设计、岩石神庙的规则性限定了自然空间，并且被自然空间限定，代表了河流地区的风景。在这种和谐的组合中，空间的正交布局和建筑的轴对称性被用来"创造一个持续的永恒的有效空间"（诺伯格–舒尔茨）。在这种稳定性中，个体元素的改变也会带来一些变化，诸如飞檐和造型，尤其是象征荷花、纸莎草和棕榈树的不同形状的立柱。此外，通过人体浮雕，装饰可以赋予特殊建筑一种个性，这些浅浮雕又再次表达了正交性。建筑形式的发展更多的是对相同灵感的持续再造，而不是创造新的类型。

　　赋予建筑作品一个固定抽象的秩序的目标，在金字塔上表现的最为典型，它结实紧凑的主体在横向和纵向线条之间达到均衡，轮廓清晰的边缘更是相得益彰。金字塔的形式代表永恒，它庞大的规模和陵寝建筑的重要性都显示了这一形式的恰当。通过它，法老在死后的世

界得到永生的热切愿望被具体化了。神庙建筑使用了许多象征意义，诸如：入口塔门的结构和它与象形文字世界的关系暗示着宇宙和谐（塔门被看成是"天国的入口"）；通向中心建筑的路径暗示着生命的循环，它意味着越来越确切意义上的"永恒的回归"。如同文化史家曼弗雷德·鲁克尔所说，"所有的象征都是基于事物彼此相关的假设，基于微观世界和宏观世界之间直觉感受和看到的关系"，这在埃及文明的诸多领域中普遍存在。继拉美西斯时期的辉煌之后，古代埃及难以言表的壮丽经历了蜕变，原因利比亚和埃塞俄比亚王朝的统治使国家政体逐步分裂。公元前4世纪末，希腊人在亚历山大大帝的带领下来到埃及，缔造了位于法洛斯灯塔所在的小岛前的亚历山大城。依照普鲁塔克的记述，屋大维对聚集在亚历山大城体育馆的市民发表演说，他希望拯救城市于毁灭之中，因为这一富有城市的美丽与辉煌令他赞叹。阿克提姆战役之后，安东尼和克里奥帕特拉（公元前31年～公元前30年）从政治舞台上消失，最后一个泛希腊化的王国臣服于罗马的权威，埃及成了一个罗马行省。

伯斯科雷阿莱考古遗址发现的一个银制水盘现存于卢浮宫，上面是一个头戴大象头饰的女性半身浮雕，其中大象的躯干和牙齿清晰可辨。女性左手拿着象征土地肥沃的丰饶角，右边的裙褶中是水果和几穗谷子。在庞贝古城（梅南德宅邸）的壁画上，以及西西里阿尔梅里纳广场别墅中的马赛克上有一个类似的女性，因为使用了颜色，她的肤色很深。三个女性都是非洲的化身，对罗马作家来说，非洲象征着地中海南部海滨，尽管它不总是包括埃及。

这一条状大陆的罗马化过程经历了漫长的战争、征服和自愿的归附时期，向东带有希腊的特征，向西则受到腓尼基–迦太基文化的影响。在自愿归附时期，独立的王国成为罗马帝国的附庸，并入罗马行省。

"阿非利加"是公元前146年迦太基被毁之后建立的行省，这个名字加在表示管理类型的"省"之前。它并入了被罗马征服的迦太基土地。公元前46年，凯撒在塔普索战胜庞培军队之后，支持庞培的努米比亚王国成了新阿非利加省的一部分。这样，像其他重要城市一样，塞卜拉泰在奥古斯都在位时期从一个腓尼基–迦太基商业中心转变成罗马城市。在公元2世纪后半期，它获得殖民地权利，按照标准的罗马城市平面图建起了具有公共、宗教和娱乐功能的建筑。塞卜拉泰的没落始于公元4世纪和5世纪的异族入侵，在公元7世纪和11世纪阿拉伯人入侵后，城市最终被遗弃（公元6世纪查士丁尼一世统治时期有过短暂的复兴）。

公元642年，哈里发奥马尔军队的指挥官阿穆尔继一场持续几个月的围攻之后征服了亚历山大城，城市的命运改变了。从城市的废墟中隐约可见古代作家描绘的世界大都会的辉煌和他们罗列出的矗立在皇家区的灿烂建筑。建在海边的亚历山大图书馆"是一个超现实的梦境的化身，在梦中的那个地方，全世界的全部书籍全都云集在此"。据历史学家鲁西亚诺·康佛拉记录，图书馆毁于一场大火，一次"所有的时代中对书籍最严重的破坏"。

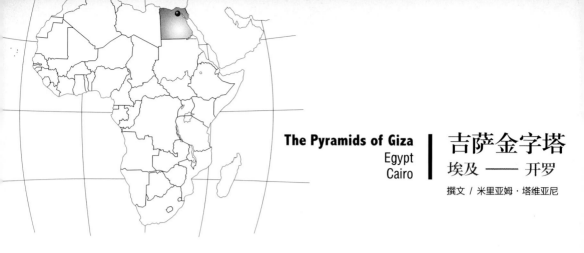

The Pyramids of Giza
Egypt
Cairo

吉萨金字塔
埃及 —— 开罗

撰文 / 米里亚姆·塔维亚尼

吉萨考古遗址曾是尼罗河西岸一个阿拉伯原住民城市，现在被开罗吞并，它是古埃及最著名的地区，也是世界上最富丽、最鼓舞人心的地区之一。自1798～1800年拿破仑军队和科学探险到达埃及开始研究以来，加之20世纪上半叶的细节勘察，吉萨已经因为金字塔奇迹和令人不安的斯芬克斯狮身人面像而享有盛名。斯芬克斯在阿拉伯语中的意思是"恐怖之父"。

地球上的诸多工程，只有这些为保存法老遗体而修建的陵墓如此壮观，恒久长在（但是，在墓室中并没有发现他们的遗体，只有空荡荡的残破石棺）。

金字塔庞大的体积有双重作用：除去它们无可置疑的震撼效果之外，巨大的尺寸令它们高高矗立在无垠的沙漠之中，让人无法忽视。

三个最大的金字塔属于埃及第四王朝的法老们——胡夫、哈夫拉和门卡拉，它们是三个相互独立的墓葬建筑群的核心建筑，建于公元前2590至公元前2506年。每个建筑群都包括各自金字塔东边的祭殿、运河边斜坡底部的第二神殿（运河把尼罗河水引到建筑群）、为王后们修建的更小的金字塔以及巨大的陪葬坑，其中埋有来自皇家舰队的船只。金字塔由重达15吨的石块建成，原本有一个外层，但历经千年之后，表层的石块被搬走用于其他建筑。结果，金字塔的总体高度降低了。

最大最古老的墓葬群是法老胡夫的，他的大金字塔原本有146米高，基部每条边长230米，高高矗立在一系列祭祀和附属建筑之上。它们在一个规则的地基上铺开，好像是一个城市规划师的作品。吉萨金字塔位列世界七大奇迹之一，是七大奇迹中最古老的，也是唯一一个幸存至今的，几乎完好无损。

144 被剥除了外面的12层石块，胡夫金字塔（上）的顶部就像一个四方的平台，边长约10米。哈夫拉金字塔（下）仍旧保留了四分之一高度的尖顶和外层。

胡夫、哈拉夫和门卡拉所建的金字塔已经与不断拓展的开罗城相接。门卡拉金字塔南边有三个"卫星"金字塔，最右边一个是为国王的妻子卡蒙罗内比蒂二世而建造的。

根据希罗多德公元前5世纪的记载，胡夫的金字塔花费了埃及人30年的时间才修建起来；他的儿子哈夫拉所建的金字塔同样如此，虽然规模略小（高约136米，边长约202米）。门卡拉是三个统治者中最受爱戴的，于是他那座小得多的金字塔（高仅66米，边长为108米）没有遭到侵犯。

然而，考古区最令人惊讶的建筑是斯芬克斯像。哈夫拉在自己的金字塔后面用一座岩石山丘雕刻出了这个建筑。斯芬克斯高20米，长57米，拥有狮子的身形和法老的头像。

这个象征性的谜一般的作品面朝东，指向太阳神阿图姆，它的崇拜源于太阳神赫里奥波里斯。它的作用是看守身后胡夫永恒的住所。它的脚下建有一座祭殿，叫作斯芬克斯神殿。

公元前22世纪的古王国时代末期，王室陵墓第一次遭到侵犯，在中王国时代（公元前21世纪~公元前18世纪），它们被遗忘了。公元前16到公元前8世纪的新王国时代，斯芬克斯令整个墓葬区重新为人所知，并且成为流行的、自发的崇拜对象。

后来，崇拜变成官方的，神祇的身份确定为"Har-imkhet"，就是希腊人所知的哈马奇斯（Harmakis）。由于这一重新燃起的兴趣，建筑区域采取了第一次"维护"行动（这个区域不断地被黄沙淹没），斯芬克斯前爪之间纪念图特摩斯四世的石碑为观光者提供了信息。

146左上 胡夫金字塔的外层已经磨损，顶部显示出连续使用三角平面的完美结构技术。

146右上 胡夫金字塔墓室的入口非常狭窄，但是进入一个长47米、高8米的通道后就变宽了。它上面覆盖着人造穹顶。

146右下 斯芬克斯用两种方法建成：身体部分由一整块岩石刻成，双脚和部分头部则用当地的石块刻成。

146左下 图特摩斯四世的石碑矗立在斯芬克斯的双脚之间。它被称作"梦碑"，记录了国王下令修复斯芬克斯像是因为他梦见巨大的斯芬克斯在哭诉它被遗弃了如此之久。

147左 照片中部的斯芬克斯位于游行大街的右侧，大街把谷地神庙和上游神庙连接起来。

147右 尽管失去了鼻子和额头上的蛇形标志，并且缺少假胡须，斯芬克斯的外形仍旧魅力无穷。

146～147 吉萨斯芬克斯的面部是法老哈夫拉戴着头饰的样子；面部仍留有用于装饰的红色印迹。

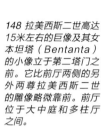

148 拉美西斯二世高达15米左右的巨像及其女本坦塔（Bentanta）的小像立于第二塔门之前。它比前厅两侧的另外两尊拉美西斯二世的雕像略微靠前。前厅位于大中庭和多柱厅之间。

卡纳克神庙
埃及 —— 卢克索

Karnak Temple
Egypt
Luxor

撰文 / 米里亚姆·塔维亚尼

　　古代底比斯所在的尼罗河谷地区和红海海岸没有联系，但是葱绿肥沃。随着财富不断增长，它成为上埃及地区最为强大的军事存在，最终在十一王朝的法老曼图霍特普三世在位期间成为整个王国的首都。

　　荷马把富饶的底比斯描述为"百门之城"，每个城门都有200名披甲武士定时驾驶着战车驶出。

　　阿蒙霍特普三世的铭文谈到铺满了金银的神庙，这些遗迹已经被发现。拉美西斯二世在位时期，这座城市成为一座容纳两万人进行军事训练的营地。假使没有城墙，巨大的神庙塔门（宏伟的入口）也可以当作城门使用。

　　生命之城位于尼罗河东岸，死亡之城位于尼罗河西岸。

　　卡纳克神殿建于东岸，有三个神圣的区域，都用未经烧制的砖墙环绕，分别献给门图神（一个古老的当地的隼头战神，很快被阿蒙替代）、阿蒙神本人（一只公羊或一个人，戴着插有两根羽毛的头饰）和姆特（阿蒙神的女性配偶，头戴王冠，有时用一个鹰头表现）。孔苏神殿（阿蒙和姆特的小儿子，头戴新月形王冠）也包含在阿蒙的圣地之内。

148～149 阿蒙神庙涵盖了约335平方米的区域，还可以加上围绕着门图神圣地的约30平方米区域（右边一小块圈起来的地方）和下面围绕着姆特圣地的102平方米的区域。斯芬克斯大道把姆特圣地和阿蒙圣地连接起来。

149 通向第一塔门的大道两侧排列着斯芬克斯像。圣船在宗教仪式期间可以通过一个人工湖抵达尼罗河。

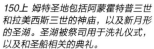

150上 姆特圣地包括阿蒙霍特普三世和拉美西斯三世的神庙，以及新月形的圣湖。圣湖被祭司用于洗礼仪式，以及和圣船相关的典礼。

150下 从新王国时代起，阿蒙圣地成为埃及最重要、最有经济实力的地方。俯瞰图显示了这个地方规则的布局，可以看到六个塔门、前景中的多柱大厅和神庙本身。

151上 多柱大厅的中心廊柱比边上的柱子高出三分之一。巨大的圆柱顶板和柱顶过梁支撑着高约23米的天花板，以便安装巨大的矩形窗户。

151左 圣湖倒映在阿蒙圣湖的水中。右侧可以看见仅有的两座方尖碑，分别是由图特摩斯一世和哈特谢普苏特女王竖立的。

151右 通往卢克索神庙的游行之路以托勒密一世建造的孔苏神庙大门为起点。整条路都排列着斯芬克斯像，它们的两爪之间是阿蒙霍特三世的形象，那是受到神佑的象征。

　　三块圣地中最大的一块是献给阿蒙神的。它是一块宝石状的区域，由周长800米、厚约8米的围墙围绕，内部矗立着"众神之主"的大神庙，其中最古老的部分几乎荡然无存（上溯到中王国第十二王朝，公元前1991年~公元前1785年），十八到二十二王朝的法老们（包括图特摩斯一世、哈特谢普苏特、图特摩斯三世、阿蒙霍特三世、拉美西斯一世、拉美西斯二世、塞提一世、塞提二世和拉美西斯三世）在那里建造了神龛、方尖碑、塔门和门廊，所有建筑都极其宏伟。

　　入口由西向东穿过一系列塔门，它们随着游客的前进在尺寸上逐步缩小。第一塔门（其宽度约为113米，而第六塔门宽约50米）通向大中庭（100米×80米），这是古代埃及最大的中庭，其中包括塞提二世和拉美西斯三世的神庙。

　　第二塔门通向多柱大厅，由新王国最伟大的缔造者拉美西斯二世兴建。这个大厅长102米，宽53米，是神庙建筑中最大的有顶区域，包含134根雕刻成纸莎草花的柱子，其中122根柱头上的纸莎草花萼闭合，另外12根上装饰着绽放的纸莎草花。

　　另外四座塔门越来越近，观光者到达中王国的中庭，那里矗立着最早的圣坛。

　　第三和第四塔门之间的中庭也通往南侧入口，它是建筑群在南北方向的延伸。沿着这个中轴再穿过五座塔门，观光者来到斯芬克斯大道，它连接着阿蒙圣地和姆特神庙。

　　略向西一点儿，另一条大道延续两英里多，从孔苏神庙直达卢克索，两侧都是羊头的斯芬克斯像。每逢新年之始，游行的队伍就沿着大道抬着阿蒙的雕像从卡纳克步行到卢克索神庙。卢克索神庙完全依靠卡纳克，每年也只有在这种场合使用一次。

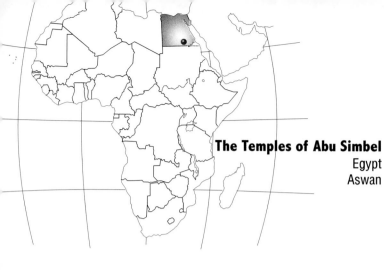

阿布·辛拜勒神庙

埃及 —— 阿斯旺

撰文 / 比阿特丽克斯·赫林
玛利亚·劳拉·沃格里

152 六尊高约10米的法老和他的妻子奈菲尔塔莉的雕像排列于较小神庙立面的一侧,拉美西斯二世以此献给他最钟爱的配偶以及女神哈托尔。

153左 拉美西斯二世决定在以前当地人献给地方神祇的两个洞穴中建造阿布·辛拜勒的两座神庙。法老建造这两座神庙用以荣耀埃及的神灵,也希望强调努比亚对埃及王国宗教信仰的臣服。神庙自1979年成为世界遗产名录的一部分。

153右 内殿中包括四尊刻在岩石中的雕像。它们是拉美西斯自己和神庙尊崇的三位神。左起依次为普塔神、阿蒙神、拉美西斯二世和雷-赫拉克提。

152~153 拉美西斯的儿女和妻子们的小雕像站立在法老巨大坐像的脚下,法老戴着上、下埃及的双重王冠和假胡须。

尼罗河上游河谷的沙漠地区在罗马时代称为努比亚,拉美西斯二世在那里建造了两座地下岩石神庙。今天它们被视为拉美西斯时期建筑和艺术成就的象征(公元前1291年~公元前1075年)。两座神庙建于河流西岸,立面都装饰着巨大的雕像,它们是用立面所在的岩体直接刻出来的。

两座神庙中较大的一座是奉献给阿蒙神、雷-赫拉克提、普塔神以及拉美西斯二世本人的。法老的四个坐像高约20米,在入口的两侧各有一组,入口向山坡内部延伸了约35米。建筑形式和装饰技巧成熟,成功地显示了王室的威严:雕像的巨大尺寸代表了国王的权力和力量,他戴着上埃及和下埃及的组合王冠,四张脸上的微笑散发着宁静、公正和智慧统治的气息。

夸张而壮观的外部与狭小的私密内部空间形成对比。由岩石挖出的内部空间创造出一个带有廊柱的"中庭"、多柱式房间、前厅和内殿,内殿存有这位君主和拉美西斯三位神灵的雕塑。以法老和神的雕像来庆祝拉美西斯二世成为神(在他仍旧活着的时候)使用的是新王国时代典型的神庙设计,只是将神庙转变成了地下结构。神庙内部人工精心设计的光照效果与光线在神庙立面所产生的效果相似。

154左上 大神庙的门廊中，八根奥西里斯柱支撑着天花板。这种形式的柱子把君主描绘成站立的木乃伊形象，是拉美西斯时代的特色（第十九和二十王朝）。君主和奥西里斯的角色类似，这位神灵负责审判死者的灵魂，宣布他们的复活。

154中上 大神庙中这幅庆功的浅浮雕中，拉美西斯二世出现在战车上。房间的墙壁装饰着仪式的场景和献给法老和王后的祭品。

154右上 这是位于大神庙入口侧面的拉美西斯巨大雕像之一的脸部特写。注意迁移神庙时重建者的割痕，这次重建是修建阿斯旺大坝后为了避免纳赛尔湖的湖水抬升对神庙造成破坏而采取的拯救措施。一旦神庙重新组装之后，完成细节就成为来自埃及文物部门的修复专家的责任，他们用沙子和合成树脂把切割的痕迹减小到最低。

154下 神庙的分割与组装行动正在全力进行。

法老的王权和神圣在献给女神哈托尔（拉美西斯的神界配偶）和奈菲尔塔莉（法老的世俗妻子）的较小神庙中也以宏伟的形式体现出来。神庙由多柱式中庭和内殿构成，立面有六尊站立的王室夫妻雕像。

神庙原本建在面朝尼罗河的岬角斜坡上。1813年它们被伟大的瑞士东方学家约翰·路德维希·布尔克哈德（1784～1814年）发现。但是，尼罗河造就的努比亚沃土在20世纪经历了巨大的改变：1898年第一阿斯旺大坝建成，水位随之上升。20世纪50年代，第二阿斯旺大坝工程让努比亚的建筑艺术遗产面临危机，阿布·辛拜勒神庙即将消失在纳赛尔湖上涨的湖水之下。为了挽救它们，联合国教科文组织1963年组织了一个营救行动，花了仅仅4年时间就完成了。神庙被从山体移开并切割成30吨的石块，然后在水平面65米之上重新组合。它们还在同样的相对位置，朝向同样的方向，就像在公元前13世纪中期所建造的那样。

155左 在小神庙中，手持日轮的奈菲尔塔莉站在一头牛的两角之间。这位生活在公元前13世纪的王后在神庙完工后不久就去世了，比她的丈夫早许多年。

155右 摄于小神庙的装饰部分，图上情景表现的是拉美西斯二世和奈菲尔塔莉向坐在王位上的女神哈托尔献祭（上），另一个情景是其妻前方的法老杀死一个敌人（下）。这类场景出现在埃及早期王朝的艺术作品中。

155下 小神庙中的多柱式大厅由两排三根哈托尔立柱分成三个走廊。它通向一个前厅，后面是直接由山体挖出的内殿。以牛的形式显现的哈托尔被视为正在保护拉美西斯二世。我们看到中间的立柱上带有女神的典型表现形式。

塞卜拉泰剧场
利比亚 —— 塞卜拉泰

The Theater of Sabratha
Libya
Sabratha

撰文／米里亚姆·塔维亚尼

　　剧场位于古罗马城市塞卜拉泰的东区，塞卜拉泰和的黎波里塔尼亚（现代利比亚的一部分）的其他地区一并于公元前46年并入罗马的新阿非利加行省。这一事件刺激了城市向南和向东发展，超出了之前的迦太基定居地。剧场建于公元2世纪晚期和3世纪早期，正是社会最繁荣的时期，今天这一建筑成为城市的最佳象征。它是最大的古罗马剧场之一，保存状态完好，部分归功于已经采取的修复措施。剧场矗立在一块平坦的区域，观众席外部装饰着三层拱廊，由塔司干立柱和科林斯壁柱支撑。内部的半圆形分成三个纬向的环状，每个环状都被分成六个经向的部分，被带有列柱的门廊环绕。剧场最壮观的部分是舞台，由三个大型的半圆壁龛组成，每个壁龛后有一扇设在背后的门。剧场的三层列柱用不同类型的大理石（白色和彩色）建成，雕刻成不同的柱子（光滑的、带细纹的和旋转的）。三道笔直的走廊与大门排列成行，中断了壁龛的曲线，创造出一种紧凑和明暗的效果，类似塞普蒂米乌斯建筑（一个自由站立的装饰立面），那是罗马皇帝塞普蒂米乌斯·塞维鲁在罗马兴建的。建筑最原始的部分是舞台的前部，半圆和长方形壁龛交替，上面装饰的浅浮雕描绘的是诸神、神话故事和戏剧场景（在这类建筑上是罕见的）。最突出的是中间的壁龛，上面装饰的场景是塞普蒂米乌斯·塞维鲁在象征着罗马城市和塞卜拉泰的神像前进行着一场献祭。这可能暗示着给予塞卜拉泰殖民城市的身份。

156左、中和右 舞台前部交替着长方形和半圆形的壁龛，上面装饰着诸神、历史和戏剧场景的浅浮雕。上图是一组悲剧面具；下图是罗马皇帝塞普蒂米乌斯·塞维鲁参与献祭的场景。

156下 宏伟的柱廊共有三层，俯视着朝北的观众席和乐队，它们由半圆的栏杆分隔开。贵宾席位于观众席较低的前三排。

157左 从拱廊之外眺望剧场。外层的拱廊只进行了局部的重修。

157右 《帕里斯的评判》装饰着观众席前面的右侧壁龛。

The Library of Alexandria
Egypt
Alexandria

亚历山大图书馆
埃及 —— 亚历山大

撰文 / 古列尔莫·诺韦利

156左 亚历山大图书馆的外墙被称为"会话墙"，它装饰着所有古代和现代的字母和字符，以及音乐和数学符号。

古代的亚历山大图书馆是托勒密一世（又称托勒密一世索特、"救星"）于公元前3世纪之初所建。他是在希腊文化中成长起来的学者，热衷于亚里士多德的教导。图书馆由法勒鲁姆的德米特里设计，随着时间的推移，它演变成一所大学并保持着繁荣兴盛，直到埃及末代女王克里奥帕特拉统治时期。来自已知世界的学者和学生云集于此教书或学习。

这其中有一些相当著名的人物，如几何学之父欧几里德，以及古代两位最伟大的天文学家阿里斯塔克斯和喜帕恰斯。它不是普通的图书馆，被看成是世界奇迹之一，却毁于战火和宗教狂热。

十六个世纪之后，新的图书馆像它杰出的祖先一样建立在西西拉地区的同一地点，带有同样的目的：把人类的全部知识聚集到一个地方。

新图书馆由挪威斯内赫塔公司设计，在挪威建筑师克里斯托夫·卡培拉指导下，由联合国教科文组织和20多个在1990年签署了《阿斯旺声明》的国家共同建造。建筑占地近9 500平方米，有十一层之高。

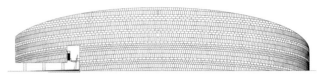

158右 图书馆的截面图显示出这栋高达30米的11层建筑的部分楼层。新图书馆在联合国教科文组织的资助下，由挪威斯内赫塔建筑公司设计。立视图显示出由阿斯旺的灰色花岗岩建造的巨大外墙。图书馆被建成一个以16度的倾斜度被削断的半圆柱体。

159上 对于设计图书馆的建筑师来说，图书馆外部的"残柱"部分的目的是模仿升起的太阳（从城市望向大海），这是新生和知识之光普照的象征。

159下 内庭的广场通向主入口，它由混凝土、金属和玻璃制成。背景中可以看到天文馆巨大的半圆。

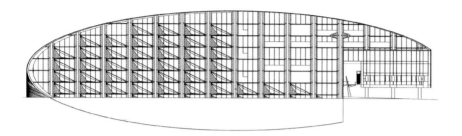

160上 最初的设计是克里斯托夫·卡培拉领导的挪威设计师小组设计的。它的亮点是常规的玻璃板和屋顶的"芯片"形式,选择它们来象征研究所扮演的重要角色——传播信息。

160～161 倾斜的屋顶加强了图书馆现代而高效的外观。可调节玻璃板不但确保合适的光线,而且减少了阳光直射造成的问题。

161左上 图书馆建筑面积为74 000多平方米,包括众多阅览室、一个古籍修复中心、一个儿童图书馆、一所电脑学校、若干会议中心和一个地下停车场。

161右上 屋顶从第七层开始抬升,是一个巨大的倾斜半圆。上面铺设可以调节的玻璃板,可以调整和分配进入阅览室的合适光线。

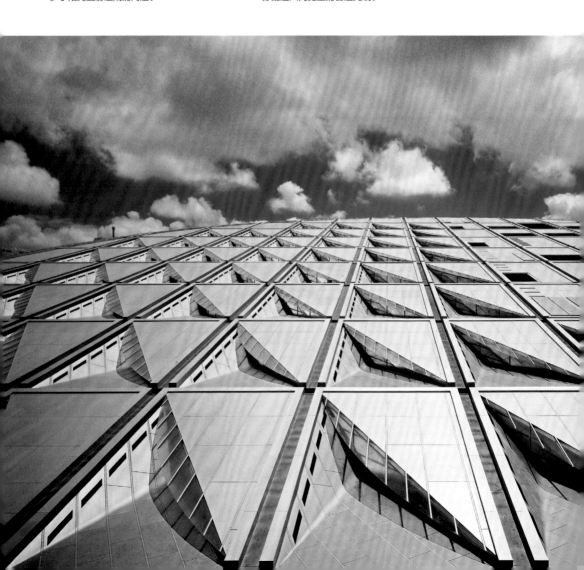

建筑外观是一个从海上升起的倾斜的巨日（象征着古代图书馆的复兴，知识和理解的传播），就像一个圆柱体以16度的角度被斜切而成。屋顶环绕着一道白色花岗岩墙和一个人工湖；屋顶上铺满了方形的反射玻璃板，它们可以调节进入阅览室的光线。屋顶切割部分所产生的对角线从一层直到八层，这就使内部空间非常开阔。

建筑中心是约20 000平方米的阅览室，由钢筋混凝土和木头修建。2 000个阅读空间位于上百根白色混凝土立柱之间，立柱高约16米，每根直径约8米，冠以类似古埃及"莲花"柱头形状的柱头。

图书馆还包括两个博物馆、一个古籍修复研究所、一个儿童图书馆、一个计算机学校、一个会议中心、一个地下停车场和诸多仓库。

古代手稿、珍本和地图存放于新图书馆的书架上，总量达800万卷以上，还有多媒体和视听资料。

图书馆的外部使用来自阿斯旺的灰色花岗岩铺设，那是法老们所用的石料。图书馆没有窗子，装饰着世界上所有书写系统的文字符号，包括岩画和象形文字。

为了确保新馆不会像以前的图书馆那样毁于大火，工程师们设计了阳极氧化铝的天花板，可以隔绝热源。建筑师克里斯托夫·卡培拉对于建筑设计总结了以下几点："建筑的圆形结构象征着世界的知识；我们选择芯片的外观形式设计屋顶，表明这里不仅对保存书籍感兴趣，也热衷于和外在世界交流信息。"

161左下 图书馆中心的阅览室有上百根白色的混凝土立柱，高度近17米。它们的形状与古埃及及带有莲花柱头的立柱大致相似。

161右下 亚历山大图书馆建筑面积为74 000多平方米。在众多阅览室中，位于建筑中心的主阅览室面积为18 580平方米。它由混凝土和木头建造，可容纳2 000人。

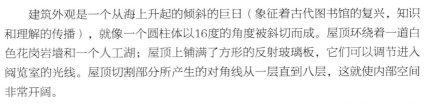

亚洲 Asia

　　要在一个篇章里涵盖亚洲大陆上极为多样的建筑形式与类型几乎是不可能的。尽管欧亚大陆相连，但是亚洲乌拉尔山脉以南的大部分地区并不适合人类居住，因此很大程度上不曾被人类改造过。西边的两道海峡——博斯普鲁斯海峡和达达尼尔海峡——将亚洲与欧洲隔开，使得亚洲敞开自己并接纳西方文明时，仍然与欧洲有所间离和冲突。同样，连接亚洲和非洲的这片领土，即众所周知的巴勒斯坦地区，千年以来都是上演人类紧张矛盾的戏台。

　　东地中海沿岸的近东、中东地区在古代（中世纪以前）与西方世界有过历史和文化发展的交集，一些留存至今的建筑证实了这段重要而值得纪念的时期。

　　在波斯，从伊斯法罕到设拉子的途中，普哈尔河（Puhar river）左畔，旅行者会看到古波斯都城波斯波利斯的遗址，这座帝国之都在亚历山大大帝庆祝胜利的宴饮中化为灰烬。"这是整个东方的首都的结局，人们曾经从这里寻求法律；这里是许多国王的家乡，是东方对希腊唯一的威胁"。

　　"从此，波斯波利斯守望着荒原。旷野，天空，猎鹰……还有波斯的明亮日光共同为宽大的石阶增添了一丝轻巧的味道……在废墟的中央，石柱兀自矗立，却不支撑一片屋顶；带拱的门廊空空荡荡，不通向任何一个房间……在百柱殿中，被遗弃的一片废墟……白日笼罩，在毫无遮蔽的这片废墟中形成许多黑色的方形阴影，使遗迹上的浮雕显得更加深重。除了干枯的树叶被石头丛里的蜥蜴弄得窸窣作响，这里一片沉默。"这是英国作家维塔·萨克维尔-韦斯特记下的印象。

　　公元前5世纪希腊人对波斯人的英勇战斗，在一个世纪以后的亚历山大大帝远征中仍有余响。在征服了业已臣服的波斯以后，亚历山大继续挥缰，直到印度河那里才停止征程。他声称远征至此的目的是为了查看印度河河口的安全性，但是他也有渴求知识的天性。如果亚历山大继续朝东向恒河进发，历史就会有不同的发展。虽然在中亚，亚历山大的部队只真正征服了巴克特里亚，但考古研究已发现那个时代奥克苏斯河沿岸的城市遗迹。亚历山大的传记作家们对这些城市有过一些描述，根据的是参加远征的希腊人带回的故事传说。

　　亚历山大远征导致了希腊语言、文学、哲学、艺术和宗教的传播，和对东方习俗、艺术和宗教哲学思想的反向吸收。两种文明的交流，形成了历史学家称为"希腊文化"的基础。这种交流现象主要产生在公元前323年亚历山大去世和到公元前30年罗马征服埃及之间这段时期。从犍陀罗、巴克特里亚到伊比利亚，发展出了共同的口头语言——尽管分为两个层次：学术的和大众的——以及通用的艺术词汇。

　　亚历山大征服的叙利亚、巴勒斯坦、埃及和东方的西北印度地区，构成了大的希腊化王国的基础，希腊化文化在这些王国焕发出光彩。狄阿特克（亚历山大的继任者）统治时期，远征和探索还在继续，一直越过印度河和锡尔河，直到中国边界。当希腊和马其顿被罗马兼并后的哈德良皇帝时期（公元前147年～公元前146年），罗马人对希腊文化的热爱达到了顶点，哈德良决定把希腊文化的财富扩展到希腊化世界之外，即罗马帝国势力所及的整个疆域。

　　在后来的文化转型中，位于亚洲的地中海地区成为基督教首先传播开来的地区；公元7

世纪，伊斯兰教由此向伊朗高地和中亚扩展。

公元4世纪，君士坦丁大帝重建了希腊殖民城市拜占庭，将其改名为君士坦丁堡。该城成为了东罗马帝国的首都，给拜占庭艺术带来勃勃生机。拜占庭艺术是古典传统和东方传统的融合，也是新的基督教精神的需要。在这个多元的希腊－罗马－中东地区，大量技术知识混合着文化、符号、宗教各方面的元素得到了深入的交流。与此同时，中亚和远东文明也在发展，而且越来越明显地表现出互补而非对立。

尽管充满了内在的超然宏伟气质，与欧洲建筑相比毫无逊色的亚洲建筑仍然是产生它们的历史、社会结构和经济文明的某种反映。虽然建筑普遍地被认为不全是艺术，因为建筑没有直接的创造性，受限于技术条件等，但是亚洲建筑取得的成就是如此迥然不同于欧洲，以至于要追溯它们到某条单一发展路径显得不切实际。

在冻土苔原、森林、干草原和沙漠地区，建筑长时期只局限于地下墓穴，这些墓穴的地面迹象就是些成圈的石头或者土堆，任何形式的房舍都很少见。这是由于北方以游牧和狩猎为生的人们住在毛毡帐篷里。有史料记载当年的"城堡"（citadel）是以石木构筑的，如今却并不见踪迹。城镇的产生，仅仅是过去两个世纪的事。因此，亚洲建筑是在南方的农耕文明地区（今天的中国和日本）产生的。

有人指出，在亚洲，农耕社会里人们定居的基本形态是在乡村，而城市虽然功能多样却并不如乡村重要。在复杂的农业社会中，农业经济占主导，压制了私人商业的产生，国家（或统治者）在温和家制和集权专制间保持着艰难的平衡，社会毫无潜力，权力的集中总体来说阻碍了发展。但是，中亚是例外。这里，业已存在的沙漠商队建立的城镇以及与世隔离的僧侣修道院，促进了商业经济的繁荣，并催生出在经济和文化上都具有强大影响力的高雅的城镇。然而，后来伊斯兰文明的到来彻底改变了这些商业中心。亚洲地区的另一特殊例子是西藏，那里的社会基础是神权政治，其建筑形式由神秘的宗教信仰决定。

亚洲建筑大部分富有宗教意味，现在的情形仍然如此。因为当信仰和宗教实践极为普遍，当事物的抽象价值被每个人接受，宗教性建筑就承担了符号和暗示的功能。然而，依照传统建在自然中的住宅，仍旧保持了艺术的和纯粹的设计。这些设计在一定意义上预示着现代建筑风格的先声。

在远东，建筑形式是线性的，大多使用木材建造，而印度和印度所属地区的造型则多用石材，或者用不同材料拼砌，或者从岩石中雕刻出来。由此可见，亚洲建筑也颇能代表亚洲人的宇宙观念。建筑史学家马可·布萨利说过，"亚洲建筑师们从来不是哲学家或者科学家，但是他们的创作几乎总是反映某种哲学或宗教的思索，他们的创造冲动和艺术感觉渗透着对存在性的理解，然后将之构筑于形、加工成器，反过来也影响宗教思想的发展。宗教思想也成为一种对世界的理解。"

因此，在亚洲建筑的创新观念中，宗教是一个深深根植的主题，也反映了"亚洲共同思维"的许多方面。亚洲种种不同的观念中其实也有一致性：都根植于人与自然的关系（人惧怕自然的力量），以及宇宙对个体的主宰。

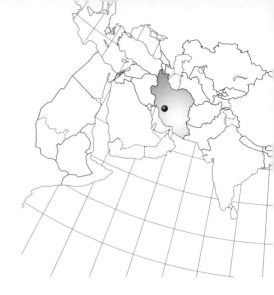

Persepolis
Iran
Shiraz

波斯波利斯
伊朗 —— 设拉子
撰文／弗拉米尼亚·巴托利尼

　　波斯波利斯是伊朗最著名的考古遗址，位于伊斯法罕至设拉子的路途中。波斯波利斯古城始建于公元前518年，大流士一世在拉赫马特山（Kuh–i Rahmat）的山脚下开始建造古城的台基、阿帕达纳宫（亦称觐见殿）和哈利姆后宫（Harem）。大流士一世之子，王位继承人薛西斯一世（公元前486年～公元前465年），完成了觐见殿和哈利姆后宫，建造了皇帝使用的哈迪什寝宫（Hadish国王的寝宫）和万国之门——薛西斯门，并着手建造百柱殿。阿尔塔薛西斯一世（公元前465年～公元前424年）完成了百柱殿工程，阿尔塔薛西斯三世奥克斯（公元前358年～公元前338年）又增添了一座宫殿，但直到公元前330年，亚历山大大帝烧毁了波斯波利斯城时，它依然没有建完。

　　古城的围墙是用带有燕尾榫的石灰岩大方砖砌成的。薛西斯一世修筑的万国之门形成了一个四根石柱撑起的三面开敞的门廊，雄伟壮观，东西两门各由两尊约5米高的人面牛身鹰翼神兽把守。这些神异的公牛雕塑上方，镌刻着使用伊兰、古波斯和巴比伦三种古文字写成的四条铭文。

164 波斯波利斯遗址是波斯皇帝的五座都城之一，另外四处分别在苏萨、埃克巴坦那、巴比伦和帕萨尔加德。波斯波利斯位于迈德赫特平原上的普哈尔河左岸。这片宫殿群建在一个巨大的四方形平台之上，这座台基是大流士一世所建，又分成几重，每重之间都用宽大的石阶相连，台阶共计106级。外墙上刻有庆典和朝贡性质的浮雕，如狮子袭击公牛、荷载持盾的士兵队列等。

穿过西门，就是经大流士一世和薛西斯一世两代皇帝之手建造起来的阿帕达纳王宫（觐见殿）。

阿帕达纳宫的中央大厅本来矗立着36根石柱，如今仅剩3根。大厅的三面都附带门廊，每面门廊都有6根石柱和可供进出的通道。

通向阿帕达纳宫的两道石阶，高大威严，装饰着大型的以宗教仪式为内容的浮雕。一侧是波斯族、米底族、伊兰族的达官显贵，在步兵、旗手和弓箭手的陪同下，面向朝贡使团列队而行。

另一侧是前来朝觐的属国使团，共23个。每

164～165和165左 薛西斯门（万国门），从这里可通向阿帕达纳王宫的王座室，王座室面积约5 000平方米，室内遗存有100根柱基。在通向它的两段石阶上有一组浮雕，分为水平的三排，刻画的是帝国臣民向皇帝进献贡品的场景：身着紧身服饰的是米底人，身着宽大衣装的是波斯人，还有荷戟佩剑的国王私人卫队。

165右 朝向阿帕达纳宫的薛西斯门。柱上的飞牛图案浮雕，有亚述和巴比伦艺术的影子。

到新年，他们就来给波斯皇帝敬献自己国家最好的物品，以示庆贺。

继续通过另外两道高大的石阶，就看到议政场所——议会厅。这座方形的宫殿由四根圆柱撑起。议会厅的外墙布满浮雕，有狮身人面像，有狮子斗牛图，还有属国贵族手持莲花列队觐见的场景。门上的浅浮雕讲述的是大流士和薛西斯端坐在由波斯拜火教主神阿胡拉玛兹达羽翼护卫的宝座上举行盛大庆典，接受来自28个国家的使节的朝贺和纳贡。

议会厅的南门与薛西斯所建的哈迪什宫的台阶相连。哈迪什宫矗立在地形的最高处，站在这里凭吊中央大厅残留的36根柱基，可以想见宫殿昔日的荣耀。这些原有的柱子很可能是木制的，外面涂抹着灰泥。

薛西斯建造的还有大流士塔恰拉宫（Tachara，也是一个觐见厅），其平面构图与议会厅相似。塔恰拉宫门上的浮雕，反映的是皇帝从宫殿进出的场景，以及与狮子、公牛和翼兽战斗的画面。

塔恰拉宫主殿又称镜厅，因其墙壁被打磨得光滑如镜。历经薛西斯一世和阿尔塔薛西斯一世两代建造的百柱殿，其遗址则位于台基的东北部。

百柱殿的方形大殿中央曾矗立着100根柱子，然而在遭亚历山大大帝征服后，只余下了柱基。百柱殿的门上同样镌刻着队列、皇帝战兽图一类浅浮雕。

166左 波斯波利斯毁于亚历山大大帝（公元前356~公元前323年）之手。在马其顿人征服以前，阿契美尼德王朝开创了璀璨的文化，波斯波利斯遗址不过展示其中万一。据希腊哲学家布鲁达克所言，为了报复波斯人对雅典的劫掠，马其顿征服者洗劫完波斯波利斯后，将其付诸一炬。

166右上 飞牛、灵怪、帝王斗兽和战争场面，这些阿帕达纳宫入口和柱头的雕饰，全都是典型的阿契美尼德艺术风格——融合了埃及艺术的形式和巴比伦艺术雄浑圆润的特点。

165右下 劫后余生的雕塑和浮雕装点着波斯波利斯古城。这些雕塑（如图示的狮身鹫首兽），都是从附近的沙漠中发掘出来的。

167上左 波斯波利斯的门、台阶和墙面雕饰上屡屡可见猛兽争斗的场面——绝大部分是狮子袭击公牛——这象征着皇帝的权力。其曲线、阿拉伯图案和饱满和谐的体量，折射出美索不达米亚艺术的光芒。不仅如此，形式灵活、表面圆润而充满动感的阿契美尼德艺术对印度艺术也产生了深远影响。

167右上 大流士三世墓上的浮雕：他和身后的随从。大流士三世于公元前330年在巴克特里亚被杀，尸体随后被运到波斯波利斯。

167右中 属地的达官显贵排成队列向大流士呈献贡品的场景。可能由于波斯和希腊两地反复的战争和政权易手，阿契美尼德艺术也受到希腊造型艺术的影响。浮雕上人物的面部比身体刻画得更有个性，能更好地反映历史人物的真实面貌。

167下 浮雕上的大流士一世，公元前521年~公元前485年在位，希斯塔斯皮斯之子。他吞并了色雷斯和马其顿，把波斯帝国的版图扩展到了东抵印度西至多瑙河的广大区域。他把领土分成20个行省进行管理，这项制度为他赢得了声誉。

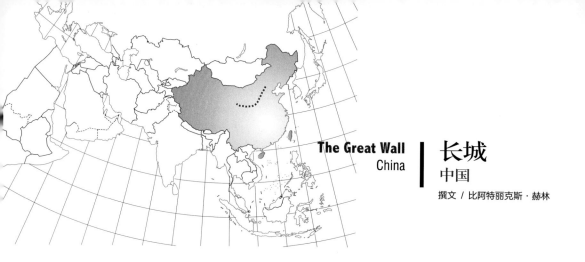

The Great Wall
China

长城
中国

撰文 / 比阿特丽克斯·赫林

168上 长城（摄于河北省金山岭）不愧是军事工程的华丽典范。它不仅可以让军队在其中快速移动，而且排列着一系列堡垒，可以进行快速的信息交流，组织进攻和增援。

168下 长城在八达岭山脊蜿蜒。1961年，八达岭长城被中国国务院列为国家首批重点文物保护单位，1987年被联合国教科文组织列为"世界文化遗产"。

长城是幅员辽阔的中国的象征。它全长7 300千米，几乎跨过了中国近2/3的土地，见证了中华帝国的组织能力、军事力量，体现了它的人民的高超技艺和坚韧意志。

修筑长城的功绩归功于秦始皇，他在公元前3世纪统一中国建立帝制，是秦帝国的第一个皇帝。

在秦始皇登上帝位之前，从公元前8世纪开始的春秋（公元前722年~公元前481年）战国时期（公元前481年~公元前221年），零散的地区性堡垒就已经开始陆续在疆界建造，以阻挡来自北方的侵扰。然而，新建立的秦王朝意识到了保卫统一后的领土和人民的需要，因此在公元前221年当大将蒙恬领军远征北方时，连接并加固各段堡垒的工程开始了。

十年间，士兵、囚犯和长城附近的居民一起筑起了一道"万里长城"。

长城的修建使用了当地石料，当石料不够用时，则使用夯土修建夹层墙。

历朝历代对长城都有所维护和扩建。而历史上最大规模的一次扩建是在明朝（1368～1644年）。明朝政府对长城进行了加固和增高（至10米），增添了许多瞭望塔台、关隘，以及新的防御措施和附属结构，万里长城遂成为一道结构复

169上 嘉峪关是长城西部的终点，地处甘肃境内的河西走廊，北临戈壁荒漠，南倚青藏雪峰。古丝绸之路由此经过。

169下 长城雪霁。金山岭长城段的游览者很少，这一带极具战略意义，为兵家必争之地，历史上这段长城经过很多次整修加固。

杂的军事屏障。

　　长城是中国人的骄傲，这种骄傲和传统使它成为一座深深根植于中国历史和文化的民族遗迹。人们赞美它穿越崇山峻岭、峡谷戈壁，宛如一条巨龙，据称，长城是地球表面最清晰可辨的景观之一，在月球上也能看到。这种说法最早见于1939年8月伦敦的《半月谈》杂志（The Fortnightly Review），那时人类的平流层飞行和登月都还没有实现。

The Khazneh
Jordan
Petra

卡兹尼神殿
约旦 —— 佩特拉

撰文 / 弗拉米尼亚·巴托利尼

佩特拉（"一座玫瑰红的城市，其历史有人类历史的一半"）位于约旦南部。历史上的佩特拉既是纳巴特王国的首都，也是阿拉伯半岛上罗马行省的都城。它隐藏在山后，很难抵达，但是又是繁荣的商路及贸易中心。佩特拉有一条道路通达红海，还有其他几条路分别通向阿拉伯福地（今也门）、美索不达米亚和地中海一带。佩特拉古城就像一座被群山环抱着的环形露天剧场，纳巴特人在此建造神殿，敬拜杜莎拉（Dushara）、阿拉特（Allat）等神。除了庙宇，这里还有市场、两座剧场和众多坟墓，都是在山岩上开凿出来的。东边干涸的西克（Siq）河谷是进入古城居住区的唯一入口。在过去古城用水渠将河谷中的水引向城中各处。

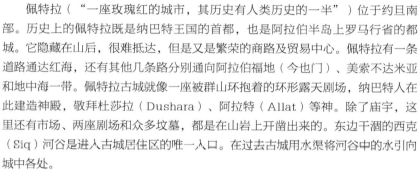

正对西克峡谷，保存最完好的一座建筑是卡兹尼（意为宝库）墓穴。墓穴的正面高达40米左右，宽约26米，完全是从岩壁上凿出来的。墓穴分两层，下面一层的中部是有六根立柱的门廊，其中的四根廊柱位于墓穴入口两侧，与岩壁相连，其实是四分之三的壁柱，真正独立的廊柱只有中间两根，左手边的那根是重新竖立的。

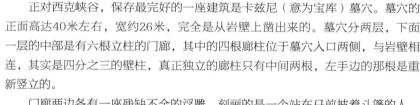

门廊两边各有一座残缺不全的浮雕，刻画的是一个站在马前披着斗篷的人。门廊的山形墙上有涡形雕饰，从中可以发现希腊艺术的影子，柱顶过梁转角处还雕有两个猫形的山尖饰。卡兹尼神殿的正立面上层，分成三个部分：中间部分形状很像有墙壁和廊柱的圆亭，圆锥形顶盖上又加了一个壶形钮，亭中有一塑像，是一个左手持丰饶角的女子。两边部分，形式上是带廊柱的山墙，从屋脊处被一分为二，分立两旁，各自对望。靠外侧的柱子是四分之三壁柱，靠内侧的柱子只从岩壁上突出二分之一。在入口前厅的左右两侧是侧殿，门洞高大，装饰着浅浮雕，正面的几级台阶以上就是中央正殿，内侧墙上凿出埋葬用的壁龛。

170上 卡兹尼神殿的前厅有三个门（这是西北入口），都通向墓室。建在岩石上的佩特拉遗址因其在建筑上表现出的丰富性和创作自由度而引人入胜。

170中 卡兹尼神殿的上层柱顶盘有一面山形墙和中间部分的圆顶小亭。分成两半的山形墙由科林斯柱支撑，带有鹰形的山尖饰。

170下 一走出狭窄的西克峡谷，卡兹尼神殿就在眼前陡峭的岩石上豁然出现。1812年，约翰·贝克哈特（J. L. Burckhardt）发现并挖掘了卡兹尼神殿，后来进一步的挖掘是在1929年和1935年。

卡兹尼神殿的外观呈迷人的红色，各种建筑要素在这里被发挥得淋漓尽致，足可与17世纪巴洛克时期最大胆张扬的建筑相提并论。

圣索菲亚大教堂
土耳其 —— 伊斯坦布尔

撰文 / 弗拉米尼亚·巴托利尼

　　早在君士坦丁堡改称伊斯坦布尔之前的几个世纪，圣索菲亚大教堂就是这座城市里最著名的宗教建筑。在拜占庭皇宫（今托普卡匹皇宫）和拜占庭竞技场之间的这个位置，历史上先后存在过三座教堂。公元360年出现的第一座巴西利卡式教堂，人称"Megale Ekklesia"，意思是"大教堂"，是由君士坦丁二世建成的，但是在公元404年被君士坦丁堡牧首圣约翰一世的追随者烧毁。后来，狄奥多西二世在原址重建并于公元415年完工。新教堂保留了第一座教堂的圆柱门廊，并融入了自己的建筑中。公元430年，新教堂更名为圣索菲亚（Hagia Sophia）教堂，意思是"神圣智慧"，但到了532年，这第二座教堂又在反对查士丁尼一世的尼卡暴动中遭受火灾，损毁严重。

　　查士丁尼一世于是决定对教堂进行根本性的改建。他选派米利都的伊西多尔（Isidore of Miletus）及特拉勒斯的安提莫斯（Anthemius of Tralles）来设计第三所教堂。这两个建筑师参照了君士坦丁堡的圣谢尔盖和巴克斯教堂（Saints Sergius and Bacchus）的样式，后者很可能也出自他们两人的设计。

Haghia Sophia
Turkey
Istanbul

172左 穹顶和宣礼塔气势恢宏，而旁边的花园美丽可亲。宣礼塔是在15世纪时建筑由教堂改为清真寺之后加建的。

172右 三个半圆形后殿上的半穹顶显示出圣索菲亚大教堂结构的复杂程度。工程花费了拜占庭帝国各地能工巧匠六年的时间。

172～173 从圣索菲亚大教堂远眺博斯普鲁斯海峡，大教堂的红色外墙绝对不会让人认错。尽管有扶壁和减除负荷的一系列构造，大穹顶依然是该建筑最薄弱的部分。

173 傍晚神奇的一幕：行驶在海峡里的船只仿佛漂浮在圣索菲亚大教堂上空。

174上 清真寺内的金色地板上全部拼贴镶嵌着马赛克、藤蔓花草和几何图案。光线从高处的窗户透进来反射到金色砌砖上，光影交织，产生梦幻般的效果，墙壁不见了踪影，而清真寺本身就是光源，正进发夺目的光芒。

174左 穹顶下面的空间很大，一排板岩和绿色大理石雕成的柱子发挥了装饰功能。柱顶部分雕刻着美丽的花草纹饰。

174右 因为伊斯兰教规禁止偶像崇拜，圣索菲亚清真寺的墙面装饰着用伊兹尼克陶土做成的大型圆环状平板，在上面镌刻的是《古兰经》的经文。

普罗科匹厄斯（Procopius，拜占庭历史学家）记载了这次修建的情况。他在书中写道，查士丁尼一世梦到一个天使向他展示教堂的设计图。新的圣索菲亚大教堂在平面上采用了希腊式十字架结构，空间上则冠以直径为31米的巨型穹顶及两侧的半穹顶。在内部，圆柱和走廊隔开了教堂前厅的半圆形后殿。查士丁尼一世时期修建的穹顶在公元558年（大教堂落成后21年）坍塌，米利都的伊西多尔在公元562年着手修复。但是，新设计与特拉勒斯的安提莫斯的颇有不同，尤其是穹顶，比原来的高出7米，并且在南北向的砖石鼓座上增添了大玻璃窗，来加强内部采光。半圆形后殿墙壁贴银，摆放着金色的祭坛和银圣幛。大教堂四周环绕着建筑：西边是带柱廊的中庭，中央有一喷泉；北边是两个洗礼池；东北有一个环形的圣器安置所；南边接的是牧首寝宫和教廷，东南方向的入口把圣索菲亚大教堂和皇宫连在一起。教堂曾供皇室庆典所用，预备两个房间专为皇帝个人使用。

公元869年袭击君士坦丁堡的地震使大教堂拱券与拉梁之间的鼓室受损，如今已修复如初。公元989年的另一场地震又震毁了西侧的拱廊（arcade）及半穹顶、部分主穹顶等。亚美尼亚建筑师梯里达底主持进行了重修工程。1317年，在东边和北边增加了外扶壁。可是不久，东侧的半穹顶及主穹顶的一部分在1346年也坍塌了，直到1353年才开始加以修复。然而查士丁尼一世时期就有的碎块嵌砌工艺的马赛克拼贴画却保存完好，这些画具有突出的抽象风格。公元1453年，圣索菲亚大教堂被改为清真寺，名字也换成了阿亚索菲亚清真寺，四角立起了四座宣礼塔。1573年，清真寺进行了一次全面维护。1847～1849年，瑞士建筑师佛萨提兄弟又对清真寺进行了一次全面维修翻建。1931年，清真寺在土耳其国父凯末尔的命令下世俗化，变成了一座博物馆。

175左 小穹顶上可以看到遗存的年代久远的壁画，应是作于基督教时期（the Christine period）。墙皮后面可能还藏有背负十字架的基督、圣徒等宗教内容的壁画。

175右 在基督的祝福这幅壁画上，耶稣基督的脸庞瘦削，衣服的皱褶和色泽都是拜占庭时期的时尚风格。

俯瞰圆顶清真寺的屋顶，16世纪的阿拉伯式蓝瓦和阳极化处理的金色铝板圆顶相映生辉。

圆顶清真寺

以色列 —— 耶路撒冷

The Dome of the Rock
Israel
Jerusalem

撰文／玛利亚·埃洛伊萨·卡罗扎

走在耶路撒冷老城区，从橄榄山到欣嫩子谷，不论你从哪个角度，都能看到一个金黄色的大圆顶，在耀眼的阳光下熠熠生辉，这就是圆顶清真寺。建在山丘上的这座建筑在阿拉伯语中被称作萨赫莱清真寺（Qubbet el-Sakhra，意为岩石清真寺，俗称奥马尔清真寺），它脚下的山丘，象征着历史上和传说中三大宗教错综复杂的交织关系。据传，这座小山丘是亚伯拉罕打算将儿子以撒献祭给耶和华的确切地点，也是所罗门圣殿（Solomon's Temple）里的铜祭坛（即燔祭坛）安设的位置。所罗门圣殿残存的部分遗迹如今是广为人知的哭墙，是一处供犹太人祈祷的地方。这里也是伊斯兰教圣人穆罕默德骑着天使加百列所赠的飞马，从麦加飞到耶路撒冷，聆听真主安拉启示的地方。最后，公元1099年，东征的十字军在这里宣布他们的信仰，在奥马尔清真寺竖立起了十字架，把它变成了一座基督教堂。直到公元1187年，苏丹萨拉丁率领穆斯林军夺回了耶路撒冷，拔掉了十字架，而让伊斯兰教的新月标志永远保留在了这里。

这座山丘也是希律王为犹太人建造圣殿的地方，但罗马人在公元70年第一次犹太战争结束时把圣殿夷为平地，以后的若干世纪里，这个地方再也找不到任何关于犹太人信仰的踪迹了，异端信仰已侵占了这片土地，犹太人只有背井离乡。

638年，耶路撒冷被穆斯林接管，但是他们尊重犹太人信仰中的元素，其中有些被穆罕默德吸收进了伊斯兰教，而且，他们也爱耶路撒冷，因为这里是先知穆罕默德最后的现身地。穆斯林640年在山上重新建起了自己的圣殿，据一本教徒日记记载，当年哈里发欧麦尔·伊本·哈塔卜建的清真寺极可能是木结构的。687年，倭马亚王朝哈里发阿卜杜勒·马利克建了新的清真寺，取代了早期的建筑，这就是现在的圆顶清真寺。

177 清真寺的外墙贴满镶边的大理石和彩陶砖片，这些彩陶是苏丹苏莱曼大帝在1552年在波斯的喀山定制的。

哈里发委任拜占庭的基督教徒建筑师作为圆顶清真寺的设计师。经过四边的台阶及门廊，就可以到达清真寺四面的入口，作为根据穆斯林传统，支撑门廊的柱子上悬挂着末日审判的天平。

圆顶清真寺伫立在一片空地中央，其底座为一正八棱柱体（底座每条边长约20米）。底座共开四个门，每个高约12米，分别朝向东南西北四个方向。这个底座的体量震撼人心，而其装饰更为之增色：下半部分是多色纹理的灰色大理石，上半部分则是蓝色的砖瓦，拼砌出错综繁复的阿拉伯式图案。

底座的最上层及支撑圆顶的鼓座全部用马赛克镶嵌，图案采用当时流行的设计，但在后来，苏丹苏莱曼一世在1552年又用带图案的空心砖进一步修饰，这些砖都是在波斯喀山制造的。到了19世纪，这部分又增加了阿拉伯文写成的铭文。建筑最耀眼的部分——中央半球形圆顶就覆盖在鼓座上面，这圆顶为木结构加金属外壳，在20世纪50年代又贴了镀金的铅板。

从内部看圆顶，是两个同心的穹庐，装饰着繁复华丽的马赛克、彩陶拼砌和金色绘图，其中还包含着《古兰经》的经文。

圆顶清真寺的平面布局完全按照几何比例来确定。它的基础是两个同心的正方形，一个在另一个上旋转45度，这样就可以确定同心的若干正八角形的顶点和起支撑作用的一系列立柱的位置。

寺内中央一块圆形区域内供奉着一块巨石，这是信众心目中的"圣石"。圣石下的洞穴被称作"灵魂之井"，亡者的灵魂在这里崇拜安拉，这也是修建清真寺的目的所在。

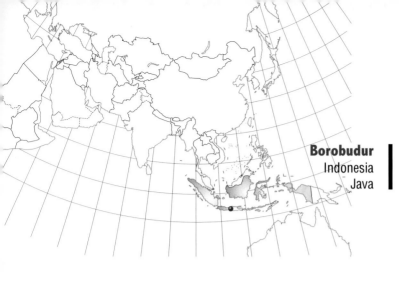

Borobudur
Indonesia
Java

婆罗浮屠
印度尼西亚 —— 爪哇

撰文 / 玛利亚·埃洛伊萨·卡罗扎

180 婆罗浮屠位于凯杜（Kedu）山谷的一座山丘上，是作为一整座巨型佛塔来建造的，其形状象征着须弥山。在印度传说中，须弥山是诸神所居之地，是宇宙的中心。

180～181 婆罗浮屠高处的三层平台呈同心圆形，一层比一层缩小而形成层级。三层平台上共有72座钟形佛塔，绕轴心而建。塔内佛像全部结转法轮印，表示以法轮摧破烦恼，使身心清净。外圈64尊佛像结说法印，表示推说说法。

181 婆罗浮屠每层平台的立墙也成为更高一层平台的护栏。在墙立面上刻有1 300块讲述佛经故事的浮雕。

19世纪初，人们在爪哇岛的密林深处发现了婆罗浮屠遗址，修复后，发现这里竟然是8世纪中叶的一座巨大佛教庙宇，是爪哇地区延续近200年的佛教中心。

婆罗浮屠可能是古纳德尔玛（Gunadharma）设计的，庙宇覆压山丘，整座山就是一个浮屠，一个朝圣之地。

庞大的婆罗浮屠呈现阶梯金字塔的形状。从垂直方向上，我们可以将这个阶梯金字塔分为塔基、塔身和塔顶三个部分。塔基是一个边长约113米的正方形。塔身由五层逐渐缩小的正方形构成，第一层距塔基的边缘7米，其上每层依次缩小2米，形成狭长的回廊。塔身每层立面上都开有一圈壁龛，内里供奉佛像，壁龛数目随塔身逐层缩小而递减。塔顶由三层依次变小的同心圆构成，每一层上都建有一圈多孔佛塔，佛塔数目按32、24、16逐层递减。婆罗浮屠每一面的正中都有入口，每个入口都有台阶通向塔顶。在塔顶最高处的中心是一座大圆佛塔，里面是一尊特意未修完的佛陀雕像。

婆罗浮屠的雕刻都是在岩石上进行的，石雕刻
画的是佛教文化中真实与想象的世界，精美生
动，给人很强的视觉冲击力。

婆罗浮屠的佛像初看大同小异，但细部装饰反映了爪哇地区佛教的宇宙观：塔顶最高处是大彻大悟的释迦牟尼佛，塔身的佛陀摆出各种含义不同的手印，还有众多接引的菩萨和护世圣众。

佛教的宇宙观在婆罗浮屠的浮雕中表现得更为淋漓尽致：最下面的塔基最初是露在外面的，后来可能出于稳固性的考虑而被掩藏起来，目前只露出一个角落用来展示。这部分塔基上的浮雕反映的是真实的欲界场景，描绘人们现实的行为欲望是如何把他们带进地狱或天堂的，但是，除了宣扬教义外，有些浮雕也反映了爪哇地区9世纪人们的日常生活。

塔基以上各层的浮雕，则反映智慧战胜肉欲、从尘世走向极乐世界的过程。较低处的浅浮雕刻画了乔达摩·悉达多的生平和佛祖的诞生（《本生经》故事）。

接着几层回廊展开的是佛经故事：第一层讲述释迦牟尼的首度讲经及前世因缘；第二层讲述善财参修成正果的故事；第三层讲述的是弥勒（未来佛）故事；第四层诠释了什么还有待讨论。

这四层平台描绘的全部是色界场景。塔身佛像各自结特定手印，与所面对的东西南北基本方位对应，也指示佛教方位的特有含义，即东方（降魔）、南方（与愿慈悲）、西方（禅定）、北方（施无畏）。

台阶最上面的三层是圆形塔顶，层层佛塔环绕着最高的中央主塔和端坐在里面的未完成佛像。这里象征无色界，那是凡人难以企及的空明觉悟了无障碍的境界。

故宫 | **The Forbidden City**
中国 —— 北京
China
Beijing

撰文 / 米里亚姆 · 塔维亚尼

故宫，旧称紫禁城，是中国帝王宫殿群最杰出的代表。它四面筑有10米高的城墙，墙外有52米宽的护城河环绕。从1421~1911年中华民国建立以前，这里一直是中华帝国的朝廷所在地，以及明、清两朝24位皇帝（从明成祖朱棣到清朝末代皇帝溥仪）的居所。

故宫占地72万平方米，专为皇室起居与施行统治而建造，皇帝贵为天子，寻常百姓不过凡人，皇宫禁地万民莫近，紫禁城由此得名。相传这座城中之城内有宫室9 000余间，当年大约有8 000到10 000人在里面生活。

城墙内的殿宇都是木建筑，建造在石质台基上，坡屋顶铺着黄色琉璃瓦。不计其数的房屋依其布局与功能划分为两个区域：南边是朝政区（外朝），北边是生活区（内廷）。有四个门通往外部世界，其中三个都开在南边，只有神武门在北边，由此可直接进入皇室生活起居的空间。最重要的宫殿都建在南北中轴线上，每座宫殿都有一个诗意的名字。南边的午门在历史上为皇帝所专用，从这座宫门进入故宫，就来到了内有金水河流经的第一进庭院。穿过太和门，参观

184左 紫禁城的四个城角各有一座精巧玲珑的三重檐角楼，虽处于战略位置，但看上去和城里的亭子并无二致。

184右 神武门靠近内廷，同样位于从午门南北延伸的中轴线上，御花园就在内廷与神武门之间，亭台楼阁掩映其中。

184~185 俯瞰紫禁城，可见其整齐划一的布局。紫禁城是明成祖朱棣兴建的，他于1421年将都城从南京迁到北平（北方的安宁）并更名为北京（北方的都城）。

185 午门以内是紫禁城的第一进庭院，当中有弧形的内金水河横亘东西，金水河上有5座桥梁。画面远处的背景是外朝宫殿大门 —— 太和门。

者来到了第二进院落，这里可以同时容纳90 000人。三大殿从南到北依次排列。其中太和殿是故宫最大的建筑，大殿中央是真龙天子御座，皇帝就在这里登基施政，举行各种仪式，接受百官朝贺。

中和殿和保和殿之后，过了乾清门，就到了皇帝的家庭生活区——内廷。这里宫阙重重，庭院深邃，核心的三座殿宇，与外朝三大殿的格局一致，依次是乾清宫、交泰殿和坤宁宫。后三宫以北，是传统园林风格的御花园，占地12 000平方米，中央坐落着钦安殿。后三宫的东西两侧，分布着奴仆的房舍院落，还有寺庙、藏书阁、戏楼以及大大小小的花园。

故宫建筑群的色彩搭配卓越不凡：汉白玉的台基和台阶，木质的红色扶栏，黄色的屋瓦，彩绘的斗拱，处处金碧辉煌，绚丽动人。斗拱主要起装饰作用，但也有一定的建筑功能，因为木架构的坡屋顶太大太重，所以必须建造梁柱来支撑其重量。故宫目前可供游览的部分绝大多数是19世纪的建筑。除了1664年被入关清军洗劫摧毁外，这些木建筑也频繁遭遇火灾。有些火灾是意外——来自戈壁荒漠的北风，更加重了火势；也有些是人为因素，一些毫无道德约束的达官显贵有意指使纵火，只是为了从重建工程中捞取好处。大火焚毁了许多价值连城的典籍、字画和家具，尽管如此，紫禁城依然美丽而庄严，透出无尽魅力。

186上 狮子雕塑在紫禁城里很常见。它的造型像身披卷毛的虎和某种其他野兽，象征大地和"阴"。

186下 太和殿前的石阶上雕刻的蟠龙。从13世纪开始，中国艺术对西方文化产生了巨大影响。

186~187 太和殿另一侧门前的铜龟，长着龙头龙爪。它寓意长寿，也代表"阳"。这个铜龟的背壳可以揭掉，移开后就是一只香炉。

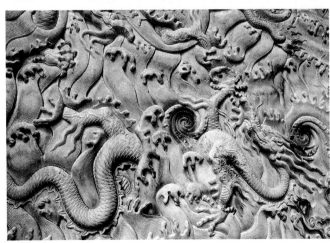

187左 大殿屋脊上的一排神兽，排最前面的是仙人骑凤。他们居高临下，保护着大殿。屋檐上的瓦当和滴水都雕刻龙形，画面角落里最大的滴水是一个龙头造型。

187右 太和殿前的铜鹤，象征着祥瑞。在中国人心目中，许多鸟都与福瑞祥和有关，就连蝙蝠也是个好彩头。

188上 故宫宫墙、宫门及室内外墙壁等颜色以红、黄为主，代表"皇权至上"。特别是黄色，只能为皇家专用。

188左中 后宝座属于"内宫"，只能安置在内廷乾清宫之后的交泰殿内。

188右中 大殿屋脊上的一排神兽，排最前面的是仙人骑凤。他们居高临下，保护着大殿。屋檐上的瓦当和滴水都雕刻龙形，画面角落里最大的滴水是一个龙头造型。

188下 紫禁城的狮子似乎是各种动物糅杂在一起的产物。太和门前面的这两只镀金铜狮，阔嘴卷鬃，龙尾龙爪，前爪下的绣球暗指皇帝的权力和他对疆域的掌控。

189左上 故宫里雕梁画栋，色彩绚丽。这些昂贵的樟木来自云南和四川。

189右上 乾清宫两侧（往北），对称分布着东、西六宫。乾清宫是处理政务之处，许多宫廷密谋在此发生。（图中西宫各院）开在中轴线上的一道道宫门，朱漆彩绘，将各院落贯穿照应起来。

189左中 富丽堂皇的大殿却只零散地摆着一些陈设。重要的陈设只有香炉和盛满水的防火用铜缸。

189右中 养心殿。慈禧曾在此垂帘听政，是清末实际的当政者。相传，光绪宠妃珍妃被她用布裹起来投入井中处死。

189下 乾清宫的皇帝御座。皇帝有时在这里召见臣工批阅奏章。乾清宫里也有一个皇帝宝座，但这里是举行重大典礼和朝会的场所。

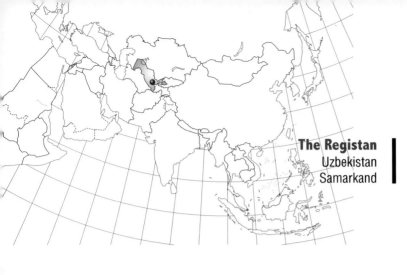

列吉斯坦广场

乌兹别克斯坦 —— 撒马尔罕

撰文 / 玛利亚·埃洛伊萨·卡罗扎

征服中亚大部和北印度之后，帖木儿选定撒马尔罕作为首都。他兴建了一座与他的霸主地位相匹配的都城，撒马尔罕城因此流芳百世，成为帖木儿帝国文艺复兴时期的杰作。

帖木儿帝国时期的建筑以砖砌的圆顶和宣礼塔为典型特征。圆顶和宣礼塔的砖用麦秸、黏土、沙子和骆驼尿制成，以精美的彩陶瓷片贴面，瓷片的色彩从灰蓝持续过渡到天青色。这是帖木儿最喜欢的色调。正是这些熠熠生辉的瓷片，为撒马尔罕赢得了"蓝色之都"的美称。

列吉斯坦（意为"沙地"）是一个很大的广场，矗立着诸多建筑。这样的广场是典型的帖木儿帝国时期建筑形式，是集市的所在地，也是市民开展政治和诉讼活动的公共场所；现在则成为大型博物院所在地，即便如此，列吉斯坦的魅力依然不减，令人惊叹。广场三面环绕三座神学院建筑，每座的立面都朝向广场，入口宏伟高大，圆顶绚丽夺目。其设计灵感来源多样：布局受乌兹别克汗国和萨非王朝建筑的影响；建筑类型来源于塞尔柱王朝的建筑；围绕庭院而建的四个拱顶房间以及连拱廊，是经典的贵族宅邸设计；师生住宿和学习的单人小室和房间，取自拜火教修道院方案；高大入口的设计则受到萨珊王朝建筑的启迪。

三所神学院中最古老的一座，是由帖木儿之孙兀鲁伯负责建造的。兀鲁伯是一位天文学家和数学家。1417～1420年，他负责在广场的西侧兴建了这座古老学院。兀鲁伯神学院的两侧矗立着两座圆柱，而立面墙上螺旋纹的两根壁柱，框定出宏大的入口。整个建筑遍布几何图形、书法、花草和阿拉伯纹饰的装饰图案，是典型的伊斯兰风格。兀鲁伯神学院因年代久远，原貌受损，最初的神学院有两层，50间单人小室和4个角落圆顶。

190上 列吉斯坦广场上从左向右依次排列着三座神学院：兀鲁伯神学院、季里雅卡利神学院和希尔多尔神学院。

190中 兀鲁伯在因其得名的神学院里教授数学和天文学。

190下 在通往季里雅卡利神学院入口处的[...]落，可以看见粗犷的猛虎图案。

希尔多尔神学院的圆顶和宣礼塔上的装饰属于乌兹别克汗国时期的风格。马赛克镶嵌和瓷片上色工艺是经过改良的，但是还没有达到帖木儿王朝的陶瓷工艺水平。

明亮的蓝色和金色装饰把季里雅卡利神学院朝拜壁龛（1979年修复）装点得金碧辉煌。这里的混凝纸工艺装饰世上罕见，世界仅有的另外两例，也都在撒马尔罕。

另两座神学院——希尔多尔神学院（Chirdar）和季里雅卡利神学院（Tilakari），是乌兹别克统治者巴哈杜尔（Yalantuch Bahadur）在17世纪完成的。希尔多尔神学院建于1619～1636年，位于广场东侧，又称群狮神学院，因为在学院门廊的抱角石上雕有狮子的形象，这是传统的波斯纹章。季里雅卡利神学院在列吉斯坦广场的北侧，修建于1647～1660年，"季里雅卡利"意指黄金，源于这座建筑价值连城富丽堂皇的镶金装饰。神学院内有一座雄伟的清真寺，清真寺的天青色圆顶十分醒目，两旁宣礼塔的塔顶也采用了相同的形状和颜色。神学院中的清真寺，象征在信仰研习方面日益增长的文化兴趣。拱廊的两根立柱映出学生的单人小室。

列吉斯坦广场南边空荡荡的，只有角落上矗立的一根柱子。

所有来访者都对列吉斯坦广场叹为观止。所以，在西方，人们一提到撒马尔罕，便会联想起奇异富庶的东方，也就不足为怪了。

193上 季里雅卡利神学院的圆顶装饰着花草枝蔓图案，连在一起，组成一个套一个的同心圆。圆顶以下的鼓座部分是一组连拱，华丽的拱肩交替着窗子和其他充满魔幻感的建筑元素。

193左和194～195 季里雅卡利神学院的入口高达30米以上，在建筑内部形成巨大的投影，暗影中，学院内部布局依稀可辨：弧形的空间，马赛克和方砖拼砌的半穹顶，几何形状和花草样式的装饰图案，靠墙的走廊上开出的通道和窗子

193下 季里雅卡利神学院是乌兹别克汗国君主巴哈杜尔所建，在列吉斯坦神学院建筑群中最受瞩目。在学院入口的左侧，121米长的建筑立面上，天青色的圆顶熠熠生辉。

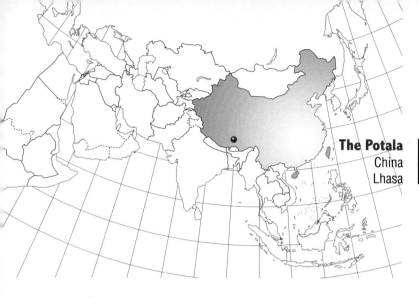

The Potala
China
Lhasa

布达拉宫
中国 —— 拉萨

撰文 / 米里亚姆·塔维亚尼

196 布达拉宫屋顶上装饰的宝瓶和神兽在颜色上有细微变化。神兽是房屋建筑的保护神。

196左 从高处俯视白宫，一排排窗户和挑檐正对着广袤的青藏高原，一阶阶蹬道陡峭峻直。

197右 进东大门，一座巨大的庭院展现在眼前。几个世纪以来，德央厦一直是让人在进入布达拉宫前凝神静息的所在，也是喇嘛们举行宗教舞蹈表演的场地。

196～197 巍峨庄严的布达拉宫雄踞玛布日山之上，依山筑起的陡峭宫墙令宫殿看起来很像一座堡垒。南坡的登山石阶仿佛是这座堡垒的又一道防护。抹面的不同颜色（位置较低宫殿的白色与居中部分的红色）区分出建筑群的不同功能：白宫是居住之地，红宫是宗教场所。

白色和红色的墙，金色的顶，四个世纪以来，布达拉宫都是达赖喇嘛的冬宫。布达拉宫是世界屋脊城市拉萨（海拔3 700多米）最高的建筑，朝圣者和游客看到它时，就意味着圣城拉萨近了。

"布达拉"来自梵语，意为观世音菩萨的住地，达赖喇嘛则被认为是观世音菩萨的化身。布达拉宫的历史可以追溯到吐蕃王松赞干布。公元7世纪，松赞干布统一西藏，弘扬佛教，迁都逻些（今拉萨）。为迎娶泥婆罗（今尼泊尔）赤尊公主和唐朝文成公主，他修建了宫殿，因两位公主都被认为是菩萨化身，为她们修造的宫殿也以菩萨居住的地方命名。17世纪中叶，五世达赖决定把政权中心搬离哲蚌寺，新的政权中心选在了玛布日山（即红山）松赞干布当年修建宫殿的地方。18世纪末，夏宫罗布林卡建成，自此布达拉宫仅供达赖喇嘛冬季居住，尽管如此，从那时起直至1959年十四世达赖离开西藏，布达拉宫一直是西藏政府所在地和达赖（西藏的政治和精神领袖）进行宗教活动的中心。

五世达赖于1645年开始重建布达拉宫，只用三年时间就建成了九层的白宫。他旋即在白宫处理政务，后来入住这里。红宫的修建历时较长，过程比较曲折，直到1694年才结束。这部分宫殿用于宗教目的；1682年，五世达赖圆寂，为免工程中断，直到12年后红宫建成时，消息才对外公布。

布达拉宫共有13层，高约116米，有1 000多间房屋、10 000余座寺庙、20万尊佛像和8座达赖喇嘛灵塔（五世到十三世，不包括六世）。玛布日山南坡有两条上山蹬道，从山脚下的雪老城开始，沿着陡峭的蹬道上行130米，就来到了布达拉宫的东大门。进入东门是一处开阔的庭院，名为德央厦；经过德央厦，拾级而上进入白宫，达赖喇嘛曾经的寝宫即在此处。来访者穿过白宫即到红宫。红宫位于宫殿群的中心，在周围白色殿宇的映衬簇拥中，像一支乘风破浪的巨筏，是这个宫殿群中最引人注目的部分。

红宫建造得既富丽堂皇，又神秘庄严。西侧的寂圆满大殿其实是一座纪念堂。这座灵塔殿足有725平方米见方，里面保留着六世达赖的宝座。五世、十世和十二世达赖喇嘛的灵塔就被供奉在这座恢弘壮丽的大殿之中，灵塔高14.85米，通体包金，所用黄金达3.7吨。接着是七世、八世、九世和十三世达赖的灵塔殿，十一世达赖灵塔则立于世袭殿内。坛城殿有三个巨大的铜制坛城，供奉宝石镶嵌的密宗三世佛。位于红宫最高处的是殊胜三界殿，这里珍藏着满文经书。圣观音殿是布达拉宫最特别、最美丽的圣殿，是松赞干布所建宫殿的遗存。在它下面一层的法王洞也是那一时期的宫殿，松赞干布曾在这里静坐修法。布达拉宫依山垒砌、层层套接的宫堡式建筑形式，具有鲜明的藏族艺术风格：建筑群整体规模宏大但单元结构简洁，与周围环境和谐统一，有如从它挺立的山中生长而出。

姫路城
日本 —— 姫路

The Castle of Hime-ji
Japan
Hime-ji

撰文 / 米里亚姆·塔维亚尼

姫路城是一处军事要塞，也是日本6座古城堡中唯一完整幸存的建筑，它造型优美，外墙由白灰浆粉饰，洁白亮丽，因此又有"白鹭城"的雅号。姫路城位于姫路市，距离大阪市约50千米，整座城池在军事需要与审美取向的融合上提供了绝佳的设计范例。比如，白色灰浆涂在木结构墙上，除了美观，也有防火的作用。姫路城建于1346年，重建于1580年，目前的模样则归功于1601~1609年间的大名池田辉政的扩建。池田参考了安土天皇的居所，把白鹭城改建得更加易守难攻。

姫路城包含80多座建筑物，有三道同心的城郭层层防守、固若金汤。每道城郭都设有壕沟、望楼和坚固的城门。城墙高约15米，把所有建筑隐蔽其中，城内小道千回百转，仿佛迷宫，可以迷惑入侵者，防止他们长驱直入，或将其引入绝境而一举歼灭。

内城中央是大天守阁，也是主要望楼，是姫路城的制高点所在。这座五层城堡，是封建领主大名的居所。它建在山岩之上，屋顶呈坡，屋檐起伏，旁边与之联为一体的另三座望楼被称为小天守阁。

中间一道环城，是高级将领的居所。外城则是中级和下级将士兵营，还有寺庙、仓库等等。

姫路城所处的地区，台风频袭地震多发，然而姫路城却经受了400余年沧桑考验，依旧美丽而坚固。

200左、中 大天守阁造型匀称收敛，起伏的屋檐曲线以及坡屋顶上的顶窗为其更添妩媚婀娜。人们往往以为大天守阁只有五层，其实是七层。屋顶上的凹凸交替的线条，屋脊上动物形象的防火辟邪物，檐口的铜质滴水，都极富装饰性。

200右 姫路城内部全部是木结构，低层的楼板是靠巨型横梁和斗拱支撑起来的。

200~201 从西南方这个角度观察姫路城的防御系统，壕沟、城垣和门都清晰可见。大天守阁高约46米，被小天守阁环绕。白色亮丽的建筑看上去宛如一只白鹭展翅欲飞。

201 高层的楼板和窗户结合得非常雅致：室内如此优雅，让人很难想到城堡竟然是出于军事目的而建。

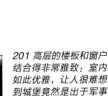

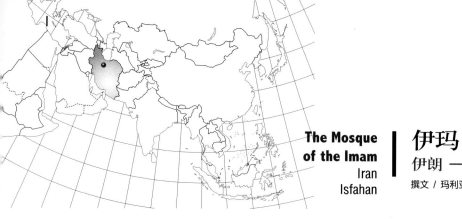

The Mosque of the Imam

Iran Isfahan

伊玛目清真寺

伊朗 —— 伊斯法罕

撰文 / 玛利亚·埃洛伊萨·卡罗扎

宝蓝色基调的伊玛目清真寺（1612~1638年兴建）是一座气势非凡的伟大建筑，华美庄严，宗教价值的力量通过它完美地表现出来。清真寺巨大的主穹顶是一个双层同心的拱顶结构，其造型稍扁。穹顶上镶嵌的精美瓷砖组成缤纷的花草图案，在光线照射下泛出变幻莫测的光泽，更给清真寺增添了一份华丽。在清真寺入口处巍峨壮观的拱门两侧各有一座宣礼塔，令人惊异地是，遵循广场的设计规范，拱门正对着北面的伊玛目广场，而清真寺的主体建筑，却满足宗教需要，朝西正对着麦加的方向。

寺内设计装饰之瑰丽复杂同样令人目不暇接，而且丝毫没有损害伊斯兰艺术的简洁观念和礼拜者的需求。参观这座建筑可以从正门开始，正门的门廊有一个奇妙的半穹顶，上面有极具特色的钟乳形饰，贴着色彩绚丽的施釉马赛克瓷砖。壁龛式大门的镶板镶金镀银，连着一段甬道和一条环形回廊，回廊将寺院围合起来。从回廊可以进入中央庭院，环绕着庭院的是四所"伊旺"，从"伊旺"就进入了带拱顶的礼拜堂。

在庭院中心，净礼池的水映照出绚丽多彩的伊旺正面。东北方的伊旺装饰得尤其富丽堂皇，它其实是甬道和回廊衔接后的挑高部分，巧妙地解决了寺院建筑主体和正门不在一条轴线上的问题。

西侧伊旺内设有讲道坛，伊玛目会站在这里向祈祷的信众讲道；东侧伊旺有一个高大的门廊，门廊外壁的下半部分砌着大理石，周边铺着蓝色的上釉瓷砖。门廊内部的墙壁上贴着马加利卡陶瓷片，拱顶上装饰着上了彩釉的钟乳形饰。最后一座礼拜大厅上覆盖着穹顶。

南侧的伊旺最为动人：它的两侧建有宣礼塔，其上部挑檐用一系列钟乳形饰支撑，在主礼拜堂里也能看到这种同样的设计。主礼拜堂里的米哈拉布（朝拜墙上的壁龛，方向正对麦加）建于1666年。四方形的礼拜大厅里，向上可以看到鼓座撑起的高大拱顶，构成鼓座的是四个八边形的拱肩。

两条宽阔的甬道给寺庙建筑带来特殊的光线效果。通过甬道还可以到达其他几间有拱顶的小礼拜堂，里面也设有米哈拉布。清真寺的角落里还有讲授《古兰经》的讲堂。

203左 伊玛目庭院的南
侧伊旺，两边各有一个
宣礼塔。

203中 花草图案和抽象
的几何图形把建筑的外
观装点得绚丽多姿。

203右 清真寺的中央庭
院十分开阔，庭院的围
墙其实就是两层拱廊的
正面。

203下 从空中俯瞰互相
呼应的伊玛目清真寺与
伊玛目广场。

204左 清真寺里的主要空间结构由两个长方形的礼拜堂与主殿通过一系列宏伟的拱道联通在一起。

204右 房间之间的拱道都是用上釉瓷砖装饰，图案有花草纹饰、几何图案和阿拉伯文的书法。

204～205 色彩斑驳形态各异的陶片装饰，倒映在庭院里净礼池中，呈现出深浅不一的蓝色。庄严巍峨的尖拱是伊旺的入口。

205上 东侧和西侧伊旺的入口是带半穹顶的拱券结构。顶上是涂成金色和蓝色的钟乳形饰。

205中 伊玛目清真寺的拱顶金碧辉煌，镶满金色和蓝色的釉面瓷片。瓷片上绘制的是几何图形、花草、缠绕的藤蔓等典型的阿拉伯纹饰，甚至拱肩、穹隅和凸出的线脚也都装饰得精美异常。

205左下 壁龛每个凹进去的部分，其表面和接缝都用釉彩装点和强调。宝蓝底色配着白色《古兰经》经文。

205右下 瓷片是宝蓝色，加强了清真寺的光线效果。这个拱顶是一种流线形结构，用来解决建筑的牢固度和重量问题。

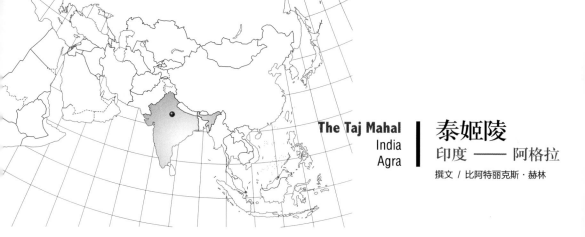

The Taj Mahal
India
Agra

泰姬陵
印度 —— 阿格拉

撰文 / 比阿特丽克斯·赫林

206 泰姬陵主殿两旁有两座一模一样的清真寺。每座清真寺都用大理石和红色砂岩砌成，上面有三个球茎状的圆顶。西侧的清真寺真正用于礼拜，东侧的是对西侧的回应，只是为了求得平衡一致的审美效果，因此从未使用过。

207左 从亚穆纳河对岸的一处废墟远望泰姬陵。泰姬陵是莫卧儿王朝伊斯兰艺术的杰作，然而在沙·贾汗的末代后裔死后，这项艺术再无人问津。在泰姬陵重修和被奉为永恒之前的200多年时间里，针对它的偷盗与抢劫时有发生。

207右 陵区北门入口是一座三层的牌楼，四面都开有内凹的尖拱券门，这种样式的拱门在整个建筑群中大量运用。尖拱内侧是红色砂岩，外侧则是布满镶饰的白色大理石，与之形成鲜明的对比。镶嵌在白色大理石上的黑色大理石以及各色石头（至少43种），组成了精美的植物图案和《古兰经》经文。这些镶饰越往上去尺寸越大，这样，人们在低处仰望，从视觉效果上却是相同的大小。

位于印度北部阿格拉邦的泰姬陵，坐落在亚穆纳河右岸。这座由白色大理石和红色砂岩构筑的完美建筑，记录的是一段旷古绝伦的永恒爱情。莫卧儿王朝的沙·贾汗皇帝，为了怀念自己最宠爱的"宫中翘楚"穆塔兹·玛哈尔王妃，花费17年（1361～1348年）心力，动用不计其数的资源，建造了这座无与伦比的陵墓。

泰姬陵主殿位于一座四面围合、占地甚广的长方形陵园的北端，在这片同样呈长方形的北部区域，其四角各有一座八角亭。余下的较大一片长方区域，则是一座田字形的波斯花园。花园中间的十字形水道，将花园一分为四，所有的水又自然而然地交汇于中央的方形水池。这种形状一致又主次有序、布局对称的设计，在波斯传统观念中代表天堂花园。

沿花园的长边，修筑了两座一模一样的建筑，一座是清真寺，另一座只是为了维持建筑的平衡效果，达到对称之美。花园的南边，则是宏伟壮丽的前庭入口。从这里可以一睹泰姬陵建筑群的芳姿。赭红色砂岩镶嵌着白色大理石，白色大理石镶嵌着各色奇石，致使巨大的陵寝呈现出奇异的灰白色光泽。泰姬陵主殿建在一个白色的方形基座上，基座四

206～207 泰姬陵是沙·贾汗皇帝为了纪念他的王妃姬蔓·芭奴（封号穆塔兹·玛哈尔）修筑的陵墓。它坐落在一个占地甚广的四方形花园里，这座花园工整对称的形式在伊斯兰艺术中代表完美无缺。花园的中央水池映出的倒影是陵墓的正面。泰姬陵坐落在一个7米高的基座上。基座四角的宣礼塔、中央的大穹顶以及晶莹的白色大理石外观赋予泰姬陵显而易见的独特性。

角分别立有宣礼塔。主殿上的球茎状穹顶统领全局，它的下方就是开阔的中央墓室，在镂空雕刻着网格的大理石围屏正中，安放着穆塔兹·玛哈尔王妃的空石棺，旁边的另外一副是沙·贾汗国王的。同样为了对称之美，衣冠冢的正下方还有一个皇家地穴，那才是两人真正的长眠之处。泰姬陵的建筑在整体布局上比例和谐，讲究对称统一，局部设计上也经常反复地运用相同的形式，如塔尖、檐口、镶嵌在墙壁上的书法植物图案等等，使得这座建筑呈现出既单纯明朗又变化多姿的美感。

泰姬陵曾经遭劫，尽管陵内奇珍异宝被洗劫殆尽，然而建筑本身依然是莫卧儿王朝最奢华的代表，后世难以超越的经典传奇。我们欣赏它的空间布局，看它在基本的方形要素上如何展开几何变化；赞叹它的巧夺天工，看它如何保持印度建筑中大量使用石材的特点，又能在庭院、内部空间和球茎状穹顶设计上巧妙地融入波斯伊斯兰艺术风格。

由于环境改变，泰姬陵随时面临遭到破坏的危险。尽管如此，这处久负盛名的旅游胜地依然魅力不减。亚穆纳的河道改变，使河面恰好能映出泰姬陵沉静安详的身姿。在光影变换的晨曦中，泰姬陵风姿绰约，令人心醉。

208左 泰姬陵的内部装饰精美，这种大理石雕饰是一种高超的印度工艺，从14世纪开始闻名于东方。

208右 这些装饰用的宝石运自远方：翡翠和水晶来自中国，绿松石来自西藏，天青石来自阿富汗，贵橄榄石来自埃及。

208下 泰姬陵通体坚实，而镶饰与造型又给建筑增添了圆润的效果。在周围环境的映衬下，白色大理石的色泽让建筑愈发显得明朗圣洁，非常醒目。

209 泰姬陵正面的大理石书法镶饰是伊朗著名书法家阿马纳特·汗（Amanat Khan）的作品。他是唯一在这座建筑上署名的艺术家。

210上 建造这座富丽堂皇的陵墓花费了17年时间，征用了大约20 000名工匠。工地附近为工匠住宿而兴建的小镇，名唤"穆塔兹镇"，也是皇帝为了纪念这位逝去的爱妃而命名。

210下 双子般的清真寺位于陵寝两侧，每座都有三个球茎状穹顶。红色的石灰岩取自附近的采石场，勾勒出清真寺的长方体外轮廓，与白色大理石建造的穹顶和正面镶饰形成绝妙的对照。

210~211 按照伊斯兰传统，清真寺的内侧墙面上装饰着各类几何图形、花草纹饰，还有摘自《古兰经》的经文。

211左 由于伊斯兰教禁止在圣地雕刻人形，因此泰姬陵的装饰物基本都是花草形象。图为雕在一块红砂岩镶板上的植物，其形象非常程式化。

211右 米哈拉布是清真寺的一个典型设施。它是建在穆斯林麦加朝拜墙上的壁龛，用于指示麦加所在的方向和礼拜时所对的中心位置。传统上，米哈拉布也用来代表穆罕默德在自己房内念诵祈祷文的地方。

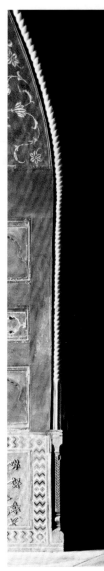

212左 玉佛寺的围墙之上，形态各异的佛塔和多彩的屋顶勾勒出美丽的天际线。

212右 大王宫兜率殿（金銮殿）的传统屋顶，装潢富丽多姿，屋檐是涡形花样，屋顶上则有镀金舍利塔。

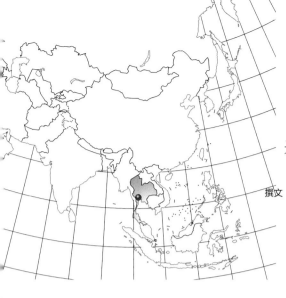

泰国大王宫
泰国 —— 曼谷

The Royal Palace
Thailand
Bangkok

撰文 / 玛利亚·埃洛伊萨·卡罗扎

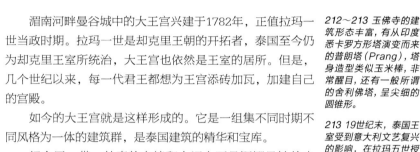

湄南河畔曼谷城中的大王宫兴建于1782年，正值拉玛一世当政时期。拉玛一世是却克里王朝的开拓者，泰国至今仍为却克里王室所统治，大王宫也依然是王室的居所。但是，几个世纪以来，每一代君王都想为王宫添砖加瓦，加建自己的宫殿。

如今的大王宫就是这样形成的。它是一组集不同时期不同风格为一体的建筑群，是泰国建筑的精华和宝库。

纪念区一带，朴素的白墙和大门上面是婀娜曼妙的尖塔。它们在建筑上自成一体，并不只是单纯为了构造出皇宫的围墙。屋顶是另一个不断出现的主题，有弯曲的线条和饰物，采用泰国惯用的耀眼的橙色。

212～213 玉佛寺的建筑形态丰富，有从印度悉卡罗方形塔演变而来的普朗塔（Prang），塔身造型类似玉米棒，非常醒目，还有一般所谓的舍利佛塔，呈尖细的圆锥形。

213 19世纪末，泰国王室受到意大利文艺复兴的影响，在拉玛五世授意下，却克里宫加上了一个泰式屋顶。

214左上 却克里宫后面的律实宫和旁边的玛哈蒙廷宫。玛哈蒙廷宫一度是法庭所在地，也曾是很多国王的寝宫。

214左下 这座黄金舍利塔基座由夜叉王守护，顶部是尖耸的普朗塔。

214中 曼谷大王宫庭院内的雕像全部镀金，都是半人半兽，代表超自然的生灵。

214右 大王宫凝聚了绘画、雕刻和装饰艺术的精华。

215左上 玉佛寺内西北角坐落着普拉·西·拉那舍利佛塔（Pra Sri Rattana chedi），塔内保存着佛祖的胸骨舍利。

215左下 玉佛寺的橙色围墙由天王守卫。这些戎装打扮的雕像，一脸凶煞之气，守卫着这方神圣所在。

外宫庭院通向玉佛寺。玉佛寺建在大王宫内，包含许多建筑，这些寺庙并不是为了供奉和崇拜神，而是为了保持泰国传统，供人冥想和保存圣器与遗骨。这座寺院的设计是对泰国古老文化的礼赞，也反映了古泰国文化遥远的印度起源。

玉佛寺的一切都那么引人入胜：色彩明快的彩陶、马赛克和绘有壁画的石灰墙；高大的神怪塑像和各种造型的装饰，如大鹏金翅鸟像（神话中藏于毗湿奴神身后的神鸟）、夜叉、紧那罗（佛教天神之一，人面鸟腿）和天女。

墙上的壁画讲述的是《拉玛坚》的故事，这是印度史诗《罗摩衍那》的泰国版本，兼收并蓄了印度、新加坡、缅甸、中国、高棉和欧洲文化的因素。

玉佛寺内最著名的建筑是大雄宝殿（建于1785年）。殿前台阶上有铜狮守卫，殿内有一座长方形的受戒厅（佛教徒受戒成为沙弥或沙弥尼的场所），还供奉着一尊15世纪的通体翠绿的玉佛。

在受戒厅前的台阶北侧，还有其他一些有趣的建筑：一是碧隆天神殿，是祭祀却克里王室的宗庙，这是一座呈希腊十字架形状的豪华殿阁，殿顶为重檐，铺着橙色的瓦，镶着绿色的檐边；一是拉玛四世孟库所建的黄金舍利塔，因塔顶铺的金叶而得名；另一座是正方形的藏经阁，其四角有四座巨大的14世纪的石佛雕像，多层阁顶上是一个典型的泰式塔尖。

穿过玉佛寺的两重门，就来到了大王宫最大的区域，这一处内宫庭院是处理公务、举行庆典和皇室居住的地方。兜率殿又称律实宫，是一座泰国传统宫殿建

筑，平面呈十字形，五层重檐，殿顶有一个皇冠形的尖顶。兜率殿是拉玛一世为自己的加冕典礼和各类仪典建造的。

玛哈蒙廷宫（the Maha Montien）是拉玛三世在19世纪上半叶建造的，其中包括了阿玛林宫（Amarinda，先前的王宫大殿），但却克里玛哈帕萨宫是拉玛五世朱拉隆功在1882年委托英国人所建，这座宫殿很特别，是维多利亚式的新文艺复兴建筑，却加了一个典型的泰国尖塔形屋顶。最后，拉玛四世蒙库特修建了王室居住地悉瓦拉埃御花园和水晶佛堂。

215右上 大王宫的建筑装饰精美绝伦，殿阁、佛塔和神龛上装饰着色彩斑斓的马赛克拼花，还有耀眼的瓦片和陶瓷浮雕。

215右下 玉佛寺里的夜叉王塑像，浑身嵌玉镶金。有白、红、绿等各种肤色。

中银大厦不只是世界上最高的大楼之一，还常常被认为是清晰表现几何线条的成功作品。

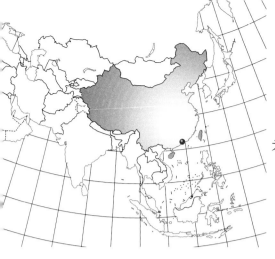

香港中银大厦
中国 —— 香港

撰文 / 古列尔莫·诺韦利

The Bank of China Tower
China
Hong Kong

位于香港的中国银行大厦有70层，315米高，是全世界最高的大厦之一。中银大厦有这样的高度一是因为当地土地有限，二是因为有人希望建造出城中最高的建筑（中银大厦就坐落于其竞争对手——汇丰银行的附近）。

贝聿铭设计的这座庞大的塔楼由四组三棱柱组成，其基底为方形。大厦于1990年竣工。其外形轮廓极具吸引力，与天空融为一体，其建筑构图是严谨的几何图形，这一思路来源于竹子的自然形状。这座建筑杰作的新奇之处在于，它的结构框架可以在大厦外观上显示出来。

大厦的框架结构设计将重量放到了四个巨大的角柱上，从而消除了内部垂直支撑的需求。这一设计意味着建设者需要投入巨额资金购买钢材，因为高质量的钢材是建造这种高度的大厦所必须的。巨型十字支架保证了大厦能够抵御当地频繁出现的台风；根据计算，大厦能经受时速230千米的台风。通过巨大的中庭，中银大厦与城市其他部分可以进行两个层次的对话，中庭可由两个相对的方向进入，同时也是一座室内购物广场。

贝聿铭这座充满雕塑感的建筑属于摩天大楼时代，这个时代反对"密斯·凡·德罗式玻璃三棱柱长久以来的统治"，而是将重点放在大厦及其周围街道之间的构图关系上（这种关系有时非常严格）。中银大厦的雕塑最简化原则为解决大厦和城市环境之间的关系这个难题做出了一次聪明的尝试。

217上 大厦夜景。香港的夜空映衬出中银大厦纯净的外形。

217下 大厦内部的露天广场上方是一个大的平行四边形采光顶。

218 在图片的中心处，关西机场航站楼的出现打破了周围建筑的直线线条。

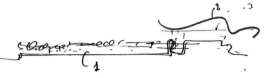

关西机场航站楼
日本 —— 大阪

撰文 / 古列尔莫·诺韦利

The Air Terminal Kansai
Japan
Osaka

极具未来感的关西机场航站楼位于大阪，是世界上第一座建在海中的机场。它矗立在一座4 000米长、不足1 000米宽的岛上。

为了满足客运和货运的需求，这座全日本规模第二、只稍逊于东京机场的机场不能建得离城市太远。然而受地形的限制，不可能在高山间和海岸上找到一块这样的空间。因此，这项艰巨的任务必须在海上完成。

人们开始在距海岸线大约4 000米处加固海床（大约18米深处），然后覆盖上16 400万立方米的土量。海岸和人工岛之间用高速公路连接，此后建筑工程开始进入攻坚阶段。除了机场之外，海岛还建有一个供轮渡和水翼船停泊的海港。

巨大的施工现场本来不适合建筑施工，因为该地地处地震频发的水域，曾是日本国民畏惧和敬拜的场所。

1991年，建筑师伦佐·皮亚诺赢得设计竞标。为了尽可能地直接推进这项任务的完成，皮亚诺首先设计了工作指导手册。

总的来说，机场的整体设计基于一个可以逐步延伸的外观；如果有更多空间需求，机场可以沿着轴线在至少一边继续延伸。这种方法使得建筑过程稍有简化，机场的建设仅仅花了三年时间。

218~219 暮光中的航站口愈加美丽，宏伟的金属大梁外壳 "包装" 中的建筑内部显得更加清晰。

219 充满张力的结构设计基于建筑元素的整体性进行，显示出设计的模块化特色。

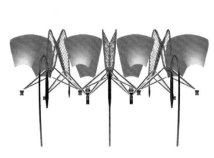

220左 关西机场航站楼的波浪状顶棚呈现出一具海洋生物骨架的形状。大楼和海洋关系密切，这一点不难看出，因为航站楼正是建在一座人工岛上。

220右上 风力测试显示了伦佐·皮亚诺设计的结构的空气动力学质量。这里的大风天气并不少见，地壳活动也很频繁。

220右中 起伏的屋顶显示了机场与大海的另一种联系，并且改变了建筑物内部对于流动空气的依赖。

220下 桁架支撑着航站楼结构最高层的屋顶。在图片左边，可以见到一部分用来散射自然光的特氟隆膜。

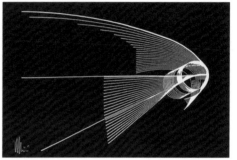

整个设计都是围绕一座南北长约1 700米的大楼进行。大楼中心部分是主航站楼，两侧是辅楼，都配有乘客登机桥。三部分由一个弯曲的不锈钢顶棚完美地连接在一起，这个顶棚的设计可以优化航站楼内部的空气流通。巨大的天井和整个航站楼等高，从地面一直延伸到开阔的金属天花板。

航站楼的设计构想来自于大海，皮亚诺将航站楼的顶棚设计成海浪的形状，创造出流动的结构，反映出自然和技术的共存以及内在和外在的平衡。

自然光线穿过整个高科技的大楼，建筑的架构支撑着巨大的钢铁和玻璃墙面，内部的人们可以透过玻璃看到海景，这种设计造成一种奇妙的效果：当行人走过大楼，他们会觉得自己像是在一个巨型海洋生物的骨架里穿行。

机场的屋顶被建造成滑翔机的样子，好似在天空翱翔。屋顶由82 000块钢板排列而成，由网状大梁支撑。网格状的大梁之间是特氟隆材质的幕帘，这种幕帘有两个作用：一是优化空气调节，二是在晚上反射人造光线，使其均匀地投射到下方的空间。

伦佐·皮亚诺以一己建筑设计工作室之力，高质量并且成功地完成了这一艰巨的工程。这也反映出这位意大利建筑师的宣言："想象力必须和技术能力相结合。

为了达到客户的设计要求，佩里为双子星塔
做的设计必须考虑到伊斯兰文化以及东南亚
建筑的典型形态。

双子星塔
马来西亚 —— 吉隆坡

撰文｜比阿特丽克斯·赫林
玛利亚·劳拉·沃格里

The Petronas Towers
Malaysia
Kuala Lumpur

双子星塔位于马来西亚首都吉隆坡，它的轮廓非常特别，其高度更为少有。双子星塔建成于1998年，当时是世界上最高的建筑。即使是现在，其452米的高度仍旧可让双子星塔称为传奇。整个塔楼有88层楼，绝大部分被用作办公室（第一栋塔楼是马来西亚国家石油公司的办公地），楼内配备了现代化的电梯系统，人们可以在楼层之间快速地上下往来。相互对称的塔楼设计具有象征意义：其高宽比例为9∶4，这一设计具有伊斯兰文化的典型特征。它们很快成了国家和文化的符号，代表着国家的政治和经济实力，也代表着马来西亚的公众形象。

双子星塔的建筑设计来源于穆斯林造型和装饰图案传统遗产，并带有反复出现、交错缠绕的几何形的阿拉伯式花纹，曲线和角线横贯整个结构，勾画出大楼的体积和表面。塔楼平面图的基础八角星形是互相叠加的两个方形；弯曲的和带尖的垂直跨度相互连接，创造出双子星塔独特而富有装饰性的扇贝状幕墙表面。在41～42层楼之间，双塔这对巨型双胞胎由一座天桥连接起来，天桥下部以钢筋支架加固，形成一个上下翻转的V字形。

在双塔的设计者美国人西萨·佩里的构想中，双子星塔的中轴线位于悬挂着天桥的空间中部。按其构想，天桥本身代表着"通入天空的入口，通向无限的大门"。钢筋混凝土为建造这座杰出的建筑提供了必须的稳定性，钢筋和玻璃覆面极好地过滤并散射了赤道地区强烈的日照。双塔周围是大片的花园和混凝土，塔底是一个大平台，平台上建有一个音乐厅和一个购物中心。它们是吉隆坡市中心独一无二的标志，也代表着国家新近实现的现代化。

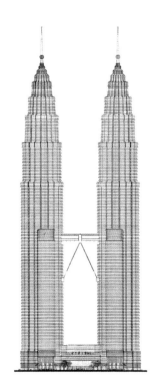

223 西萨·佩里的设计图显示，两栋塔楼之间的轴线沿着天桥的中点将其一分为二。

224左上 双子星塔的表面完全由钢材和深色玻璃覆盖，以保证其不受赤道附近强烈光照的影响。

224左中 1996年4月15日，高层建筑协会宣布双子星塔为世界最高的建筑，将这个头衔从芝加哥的西尔斯塔转移到另一个大洲。在支持这项计划的金融财团（由马来西亚国家石油公司领头）的同意下，西萨·佩里不仅想打破世界最高建筑的纪录，还旨在创造一个引发公众想象力的合理高宽比（9：4）。

224左下 2020年，双子星塔内部（尚未完工）将建成一座清真寺，一座音乐厅，以及一个购物中心。

224右上 吉隆坡的双子星塔成为传奇，是因为它们足有88层，高达452米。

224右下 双子星塔精密的结构使得它在塔顶部分也有高层空间和其他结构。

双塔塔尖之下是宽阔的办公区和商业区。双塔成圆筒状，内部没有明显的支撑结构。

大厦外立面的玻璃金属覆层可以映照出天气
的变化，使之和周围环境融为一体。

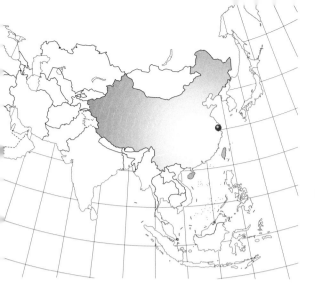

金茂大厦
中国 —— 上海

撰文 / 比阿特丽克斯·赫林
玛利亚·劳拉·沃格里

The Jin Mao Tower
China
Shanghai

金茂大厦坐落于黄浦江东岸，上海老城区的前方。这座巨大的建筑位于浦东新区的金融财政区，高耸入云。

金茂大厦高340米，有88层，曾是中国最高的建筑。整个88层大楼有52层用于办公（60部直梯和19座扶梯），余下的35层属君悦饭店所有。站在大厦顶部的观景台，所有人都会惊羡于观景台到天井21层的落差。乘坐电梯从大厦底部到观景台所用的时间不到一分钟，这种速度让人称奇。钢铁塔楼的顶部覆盖着玻璃屋顶，将日光折射回饭店里。

金茂大厦的建筑参考了亚洲传统：四面、尖角的形状取自亭子的造型，这种设计明显是对中国历史和文化的致敬之举。大厦的建设花了4年时间，于1998年对公众开放。

227 金茂大厦的整体内部框架可以抗强震、御强风。

228～229和229下 从金茂大厦顶部的观景台望下去，君悦酒店的天井尽收眼底。

229上 上海金茂大厦由SOM设计事务所设计，是现代上海的引力中心。

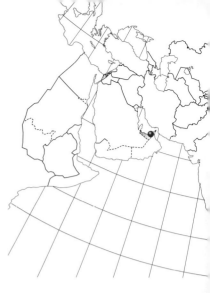

The Burj Al Arab Hotel
United Arab Emirates
Dubai

阿拉伯塔酒店
阿联酋 —— 迪拜

撰文 / 古列尔莫·诺韦利

230左 阿拉伯塔酒店宾客区顶层极具未来感的停机坪。一架直升机停在此处。

230右 从上往下看阿拉伯塔酒店深深的天井，风景极佳，让人觉得既奢华又晕眩。酒店第一层是迎宾的地方，基调为金色，随处可见巨大的黄金结构。酒店的设计处处都显示着皇家的奢华显赫，为了享受这些特权，客人们每住上一晚就必须花费数万美元。

231左 图片展示的是两个离岸边320米的曲型塔架，图片右下角是公路。

231右和230~231 塔身令人惊奇地融合了反射效果和几何图形，高达321米。三个垂直立柱由水平大梁连接，再由对角桁架加固。这种结构由钢铁和玻璃构成，以白色特氟龙覆膜。

　　阿拉伯塔酒店是世界上唯一的七星级酒店。酒店矗立之地经历了快速且影响深远的变化，以适应"未来的迪拜"的发展。酒店的创意最初由王储阿勒马克图姆提出，同时也是3 500名设计者想象力的结晶。历经四年的努力，阿拉伯塔酒店于1999年底投入使用，很快就成为了城市的标志性建筑。

　　阿拉伯塔酒店以航海为主题，就像来自于《一千零一夜》中一样梦幻。酒店的建筑结构像极了帆船的桅杆和风帆："桅杆"有321米高，玻璃纤维和特氟隆材质的"帆"连接在上面，如同鼓满了风一般。酒店的外观白天呈白色，晚上如彩虹般绚丽多彩。

　　这座世界上最高的酒店坐落于阿拉伯海湾的一座人工岛上，离海岸线有320米。通常，客人需要乘坐直升机到达酒店顶部的停机坪。乘坐飞机抵达迪拜的旅客需乘坐劳斯莱斯往返于机场，并经一小段水路抵达酒店。

　　进入酒店的一路风景颇为壮观：巨大的厅堂有高约180米，一座喷泉每隔半小时会喷出30米高的水花。酒店内部的奢华铺张司空见惯。酒店不设普通客房，只有202个套房，面积从170平方米到780平方米不等，内置几十部电话、等离子电视、电脑等等。

受环绕四周的海洋的启发，阿拉伯塔酒店仿
照帆船的形状而建。注意"桅杆"（垂直的
塔柱）与两根弯曲的支柱的其中一根，两者
之间就是船的"风帆"。

酒店的风格是现代化的帝国和阿拉伯折中主义，这一点体现在巴西和意大利进口的大理石和丝绸上，也体现在由22克拉的黄金叶片装饰的墙面上。酒店的每一处建筑特征都旨在"制造惊奇"，创造出一个富丽堂皇的奢靡之地，让少数人享受挥金如土的快感。

233上 从下往上看，阿拉伯塔酒店的内部就像是一个装满套房的蜂巢。巨大又明亮的金色锥形立柱上面装饰着拱顶，这一设计灵感来自于伊斯兰传统建筑。

233下 每层楼房的众多区域都由笔直的通道连接，通道沿着外部的"风帆"而设。酒店的中心空间是有54层楼深的光井，这就使得大厅高达180米。

北美洲 North America

撰文 / 亚历山大·卡坡蒂菲罗

美利坚合众国地大物博、山河壮丽，拥有众多规模庞大而多样的城市，其中的摩天大厦令人叹为观止，许多区域的人口稠密异常。这是力量的象征，如今也成为悲剧性的毁灭的代言。

哥伦布1492年发现美洲的首次航海过去几乎两个世纪之后，欧洲殖民者开始尝试在这里创造属于自己的居住环境，而不愿再仅仅凭借自然造化，或在草草搭起的棚屋陋室里栖身。有了第一个定居点之后，城镇有如雨后春笋般涌现。跟著名的费城城市规划（1682年）一样，很多城镇的街道布局都是棋盘式的，在美国这种形式从东岸到西岸被广泛接受并复制。尽管殖民地式建筑与欧洲建筑传统关系密切，但也不乏原创性，18世纪后半叶至二战后期各种风格的演进与复兴即滥觞于此。新古典主义和新哥特式提供了反学院派折中主义之外的选择，其建筑柱式及建筑原则透出精英阶层的趣味。美式风格则另辟蹊径，标榜"没有建筑师的建筑"（布鲁诺·赛维），凭经验自由创作。民宅中的一种木制活动房，在1833年经由乔治·华盛顿·斯诺（G. W. Snow）改进，发展成为一项名曰"气球框架"的标准工艺，在弗兰克·劳埃德·赖特的有机建筑出现以前，这种以木柱为主体的轻型框架在改善住宅的舒适度和协调空间方面具有持久的影响力。

19世纪初期，城镇的兴盛与产业的繁荣是彼此依赖、相互促进的。例如一些私有城镇就是完全依赖某一家特定的企业或行业建立起来的。19世纪中叶，随着工业的增长与铁路的延伸，僻野边陲逐渐消失，城市化进程广泛开启。

当代出现的另一种建筑倾向是追求自然与人的和谐。例如1851年华盛顿的购物商场规划即开启了公园主题的先声，随着纽约中央公园的落成（1862年），它使这一主题在南北战争结束后的美国城镇规划中显得更加重要。

同一时期，城市的集中化遭遇了居住分散化的问题，即城市居民纷纷逃往郊区居住。这种现象在当时的美国城市中非常普遍，芝加哥最为典型。当年建筑领域的技术革新，促成城市建筑的新形式——摩天大楼。作为"城市中心功能性专门化"的产物，摩天大楼拓展了有限基址上的空间。19世纪80年代，美国纽约先期进行了一批建筑实验，确定了摩天大楼的类型及用途，也激励了建筑技术的革新。"一座本来又高又蠢的钢架大楼，经过精心设计，变得风姿绰约……这是比圣彼得大教堂圆顶落成更为重要的一刻，建筑功能与形式完美统一，只有天才的想象才能创造这番成绩……诞生的这座摩天楼，是一个艺术品。"这是赖特在提到圣路易斯的温赖特大厦（1890年）所描述的。这座大厦由"敬爱的大师"路易·亨利·沙利文设计。在现代和当代美国，虽然"经验主义的建筑风格已经整体式微"，但由于"一些特例实在令人沉醉"，还是对现代建筑运动的走势产生了一定影响。现代建筑运动"数十年间在矫揉造作的风格主义和完美理想之间摇摆不定，……主张总是变来变去"，而经验主义恰好使建筑可能成为"赖特所预言的人性化的、反独裁的、欢乐的栖息地"（布鲁诺·赛维）。

想象一下，不足300年前，如果我们登上一只巨大而轻盈的气球，从欧亚旧大陆的中心飘然西行，将首先在伊比利亚半岛触地，其次是亚速尔群岛，接着我们就会在美利坚合众国着陆，之后到达日本。然而如今，众多的屏障和建筑物将阻碍这样的旅程：芝加哥的西尔斯

大厦首当其冲，这座新潮的瞭望塔高度惊人，很有可能把气球弹回大西洋。遍布美国的摩天大楼，或许成为这个国家的譬喻：它们不像冰山那样有八分之七隐匿，高楼的十分之九都暴露在地面上，在这个意义上，它们是美国历史的隐喻，象征着美国建国以来即保持的开放姿态。人们看到的近乎全部，隐蔽的部分微不足论。细心的队长会小心地操控，把气球暂停在约460米的高空，也就是略高于芝加哥最高建筑物的地方。在这个高度将再无阻碍，我们御风而行，即可顺访该国最高的另外两座建筑，帝国大厦和克莱斯勒大厦。它们和西尔斯大厦一样，都是留给世人的杰作，是美国开拓进取和勇于奋斗精神的纪念碑。人们竞相建造最高摩天楼的攀比风气大致就源于曼哈顿，以致这座小小的岛屿更适合以垂直度来丈量。其实，不只在纽约，摩天大楼的高度在任何地方都是一个有形的标志，是财富的副产品，是金钱能量的注脚。这些建筑物冷漠威严的外观，赋予它们双重的气质：透明的玻璃幕墙，无异于睽睽众目下的全然暴露；惊人的高度，显现出对市井生活的远离。其余楼宇再有万千变化，都不过是拜倒在它们脚下的尘埃芥子。

我们乘着气球下降，飞越中央公园，一座圆形的建筑引发了我们的好奇，在纽约棋盘式的格局中显得非常醒目。这就是古根海姆博物馆，一个梦幻般的螺旋结构，所有的展览空间在这样的建筑形式中被盘旋贯通为一体，令人过目难忘。现在继续我们的幻想之旅，在往大西洋飞越纽约的时候，我们看到了庄严的自由女神像，恰如城市的门户，向美国和全世界喻示并承诺着自由。然后，我们在东海岸滑翔，朝向内陆来到波托马克河流域。在这里，我们必须释放少量气体让气球下降，以便尽情欣赏典雅的华盛顿国会山，这座新古典主义的代表性建筑是对古代建筑风格样式的继承和发展。

气球继续在内陆飞行，掠过宾夕法尼亚州的丛林时，一所与熊跑溪野趣交相呼应的别墅映入眼帘。穿插叠错的流水别墅是弗兰克·劳埃德·赖特的作品。这位建筑师这样描述自己，"……是土生土长的美国人，生就是大自然的儿子（引自《自然建筑》）"，他设计的流水别墅风格独具，自由空灵又坚实凝重，成为"民主建筑"的奠基之作。追求民主、向往幸福是美国宪法赋予每个公民的权利，"民主建筑"即主张建筑须承载这样的社会理念，这或许就体现在流水别墅和一所智能化艺术博物馆（指古根海姆博物馆）的内部，或许表现在随着人的活动而捭阖流转的动态空间。飞过流水别墅，我们可能又被一座壮观的巨型体育场和通体透明的新千年博物馆所吸引。

到了西部，远远地就看到了通体橙红的金门大桥。这项美国土木工程的力作，也将成为我们通往哥伦布当年寻觅的东方而跨越太平洋的起点。这是一场想象之旅，美国了不起的建筑作品、历史以及未来在这里交融，激荡人心，诚如斯科特·菲茨杰拉德所言："美国……关乎全人类的一个构想，所有人最终也是最伟大的梦想——或者，什么也不是。"

国会山

美国 —— 华盛顿

撰文 / 玛利亚·劳拉·沃格里

完美展示美国新古典主义风格的华盛顿国会大厦是一件充满绝对力量的宏伟建筑作品。但由于建造过程中发生的一些事件，它也遵循了一定的建筑规范。这座巍峨庄严的白色大理石建筑就坐落在国家广场最东端的小山上，设有参议院大厅、众议院大厅以及原最高法院。整个建筑中最醒目的部分，是那个半球形的穹顶以及由廊柱等距环绕的鼓座，意大利建筑评论家布鲁诺·赛维形容这一设计"象征人人平等是主权国家的法律规定"。华盛顿被选为新的联邦政府首都后，其建都规划是由法国人皮埃尔·查尔斯·朗方承担的，然而，两年后（1792年）他却放弃了设计建造国会的工作。于是，当时的国务卿托马斯·杰斐逊，也是当年希腊复兴式风格的热情支持者，提议举行一次竞赛，来评选出理想的首都设计方案。竞赛并没有产生优胜者——17份规划方案全被否决。同年10月，就在竞赛结束后，苏格兰医生威廉·桑顿（同时也是一位业余建筑师）获允提交他本人的设计。威廉·桑顿的设计体现的是帕拉第奥式风格，中央主体部分为鼓座形成的中央圆厅加上低穹顶，两翼对称的长方形建筑分别是参众两院。该方案获得联邦政府建筑委员会和华盛顿总统通过，1793年开始奠基施工。

236上 托马斯·克劳福德的作品——戎装自由女神像，自1863年始即伫立于穹顶之上。

236下 国会山大厦的鼓座外形寓意鲜明，是路易吉·佩斯克（Luigi Persico）的设计，在1959~1960年间由复制品替代。

237 山形墙上的"美国乡村"雕塑略带新古典主义风格，雕有农场主、牧者和帮工各式人物。

236～237 国会山位于国家广场最东端，18世纪时名为詹金斯山，现在往往简称作"山"。国会大厦前的一池湖水映出汉白玉楼体和穹顶的倒影，肃穆庄严。在19世纪（特别是1851～1868年），还有最近的1962年，国会大厦均经过大规模设计调整和修建，多少人心血凝聚于此，才呈现如今这番景象。

第一个历时较长的建设阶段在1828年结束。由于施工拖沓，只完成了台阶，很不成功。桑顿的设计极为业余，难以据此施工，曾有若干位建筑师（包括斯蒂芬·H. 哈雷特，乔治·哈德菲尔德、詹姆斯·霍本、本杰明·亨利·拉 特罗布和查尔斯·布尔芬奇）来协助他，但每一个建筑师都不得不对方案进行一次次的修正，这些都影响到工程的进度和施工。主要扩充和重大调整都是在1850年到1868年期间进行的，先后共提出五个方案，由托马斯·U. 瓦尔特协调，最后是爱德华·克拉克收尾。

穹顶上一袭戎装的自由女神像是在1863年落成的，作者是托马斯·克劳福德（Thomas Crawford）。她似乎象征了在建造这座建筑的漫长过程中人们所表现的公民意志和爱国热情。

238 国家雕像厅（上）曾是众议院大厅，现为各州名人雕像展厅。灯光中的 "华盛顿羽化升天"彩绘是由康斯坦丁诺·布鲁米迪设计的。

直至20世纪80年代以前，通往国会大厦的正入口门廊都是美国总统宣誓就职仪式的背景。后来宣誓就职地点到了更漂亮的国会大厦西侧的国家广场上。

作为美国的象征，自由女神像是法国人民和充满反叛精神的法兰西共和国赠送给美国人民的礼物。在爱德华·微拉布莱的设想中，这座雕塑象征着"照亮世界的自由"。

自由女神像
美国 —— 纽约

The Statue of Liberty
U.S.A.
New York

撰文／弗拉米尼亚·巴托利尼

    自由女神像坐落在哈得逊河口纽约湾的自由岛上，是新世界的象征。她是法国在1885年为庆祝美国独立100周年馈赠给美国的礼物。

    自由女神像的面容身姿是一名年轻妇女，她身着古希腊式曳地长袍，头戴装饰着七道光芒的头冠，右手高擎火炬。她的脚下散落着被打碎的锁链，象征着她奴隶身份的终结。而紧握在她左手中的，是一本刻有"1776年7月4日"字样的《独立宣言》。

    这座雕塑由弗雷德里克·奥古斯特·巴托尔迪设计，他于1875年开始用陶土塑模，后来建了一个高约46米的木制模型并进行钣金熔覆。

    这些工作完成后，这个巨型雕塑被分装在214个大箱子里运往纽约。

    但是，因为大风，雕塑的组装又成为问题。巴托尔迪找来古斯塔夫·埃菲尔襄助，为女神像设计了一个钢铁内架，以四个垂直支撑架为承重主体，与横向、对角线方向的支架交错，组成了牢固的网状结构。

    女神像的星状底座高约46米，用花岗岩加固的混凝土建造，是建筑师理查德·莫里斯·亨特的设计。

241左 理查德·莫里斯·亨特于1875年完成了自由女神像底座的设计。底座为混凝土方砖垒砌，饰以带状雕带和方石柱基。花岗岩和混凝土构筑的凉廊为新古典主义风格。

241右 弗雷德里克·奥古斯特·巴托尔迪，1834年生于科尔马，1904于卒于巴黎。作为一名著名雕塑家，他在家乡创作了许多雕塑，现在竖立在纽约联合广场的拉法耶特侯爵像也出自他本人之手。

242 自由女神像的头冠带有七道尖状射线，代表世界七大洋和自由之光。她左手持握的书板上镌刻着 "July IV MDCCLXXVI"，意指1776年7月4日，美国从英国手中赢得独立的那一天。

1983年，对雕像的修复工作开始。雕像曾遭雨水侵蚀，外观发生严重的电解反应，火炬也有多处渗水。

眼下，雕像内部的部分铆钉已经用新的不锈钢支撑结构替代，而对女神服饰的进一步修复还需要耗费更多的工作。

243上 1885年，自由女神像被拆成350块，封进214个大箱子里装船，运往纽约，然后卸在上纽约湾一座现更名为自由岛的小岛上。

243中 为把46米高的女神像竖起，弗雷德里克·奥古斯特·巴托尔迪请古斯塔夫·埃菲尔搭建了一个支撑骨架，用钢铁制成，用铜焊接。

243下 1878年巴黎世界博览会期间，自由女神像曾在巴黎一展芳容；四个月后被重新组装，于1886年10月28日重新揭幕。

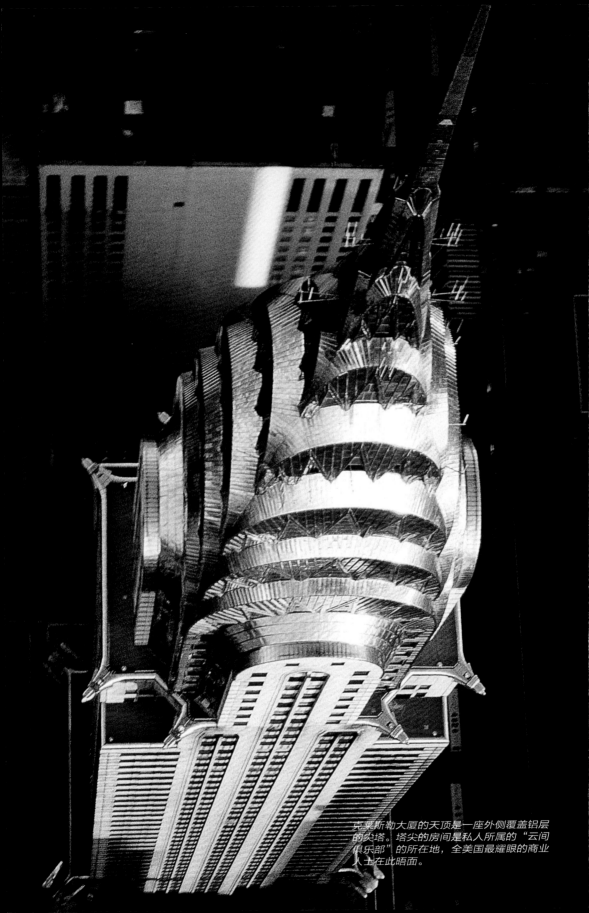

克莱斯勒大厦的天顶是一座外侧覆盖铝层的尖塔。塔尖的房间是私人所属的"云间俱乐部"的所在地，全美国最耀眼的商业人士在此晤面。

克莱斯勒大厦
美国 —— 纽约

撰文／比阿特丽克斯·赫林
玛利亚·劳拉·沃格里

The Chrysler Building
U.S.A.
New York

　　沃尔特·珀西·克莱斯勒堪称美国式白手起家的成功人士典范：他从一名默默无闻的机械师成长为美国汽车业的巨头，也保证他拥有足够的资金去建设纽约的克莱斯勒大厦。为了跟上时代前进的步伐，在经济大萧条时期，根据建筑承建商威廉·H. 雷诺兹提出的风险投资计划，克莱斯勒买下了地皮租赁权及建筑方案。克莱斯勒想要在曼哈顿核心地区建造一座标志性的摩天大楼，不但在高度上超越其他摩天楼，设计上也要引领时代精神。1930年大厦竣工时，克莱斯勒实现了他的抱负，克莱斯勒大厦凭借新颖的尖塔冠，以微弱的高度差在1930年底取代曼哈顿银行川普大厦赢得世界最高大厦头衔（319米），尽管这项纪录保持的时间也很短。

　　克莱斯勒大厦由威廉·凡·艾伦设计，其建筑结构及装饰设计的风格均为美国装饰艺术提供了最佳注解。大厦并未因岁月的流逝减色而逊色半分，无论是直刺天空气势昂然的塔尖，还是整体的建筑外形，无论是其精美的装饰细节，还是新型覆面所用的不锈钢材料，都使大厦自始至终保持十足的现代感。为突出建筑的凌云之势，在31层，塔身四角分别用金属材料装饰，其形状酷似巨大的散热器箱盖，又像古罗马神话中的信使墨丘利所戴的翼盔，同时，环绕这层的饰带上是汽车轮胎和挡泥板图案。在61层，有8个气势非凡的鹰头滴水嘴。在大厦的塔尖部分，三角形的窗户配上金属板装饰，如迸射的光芒，也好似汽车的散热器窗栅。在克莱斯勒大厦竣工的早几十年间，它一直雄踞纽约市中心；其独特造型和汽车型号等装饰元素，无不显示克莱斯勒公司在汽车行业的霸主地位，以及对个人成就和财力的炫耀。确实，就像布鲁诺·赛维所说的，克莱斯勒大厦"令周围所有建筑都黯然失色"。

245上 克莱斯勒大厦是第二代摩天大楼之一，整体高319米。帝国大厦在它竣工后不久也落成，在此之前它是全世界最高的大楼。

245下 1925年，沃尔特·珀西·克莱斯勒（1875~1940年）成立克莱斯勒汽车公司，在达到事业成功顶峰时，他建造了克莱斯勒摩天大楼以示庆贺。

246上 克莱斯勒大厦的内饰也突出了装饰艺术风格，比如电梯门使用了来自全世界的8种木材装饰。

246下 30层的雕带，其图案类似汽车轮胎和挡泥板，角上是巨大的散热器箱盖造型装饰。61层，8个鹰头形状的不锈钢滴水嘴气势汹汹地指向空中。

塔尖的冠状装饰类似汽车散热器窗栅的造型，是装饰艺术的巅峰之作，宛如光芒四射的新星。这里所说的新星就是指克莱斯勒公司。

帝国大厦大约用砖1000万块，加上楼顶的电台和电视台信号接收塔，高度达到443米。大厦由下到上阶梯式变细，形态俊秀。

帝国大厦
美国 —— 纽约

撰文 / 古列尔莫·诺韦利

The Empire State Building
U.S.A.
New York

帝国大厦是纽约和美国文化的象征之一。1933年那部电影中，金刚爬到帝国大厦楼顶击落飞机的一幕，凡看过的人怎能忘记？

身为通用汽车公司副总裁的约翰·雅各布·拉斯各布，是这座大厦的主要客户，当年他向对手沃尔特·克莱斯勒（克莱斯勒大厦的拥有者）发出挑战，比试谁建造的摩天大楼更高。

在曼哈顿的心脏地带，即华尔道夫酒店的原址上，人们以惊人的速度奇迹般地建造起了这座宏伟的大厦。1929年10月华尔街股灾的几周前，这座大楼开始挖掘地基，在19 000名工人的帮助下，大楼仅花了18个月的时间旋即竣工。由于朴素的建筑风格与严峻的经济危机形势，这座大楼的成本最后低于设计师预算，但是当1931年这座大厦正式运营时，只有一半的地方被租了出去，人们给这座大厦起了个"空国大厦"的外号。另一方面，帝国大厦比克莱斯勒大厦高大约61米，所以它变成了全世界最高的大厦。

这座102层高的庞然大物看起来非常稳固，它巨大的基座包括了最下面的6层楼。然后又在第25层、第72层与第81层各自开始向内收缩，使大厦主轮廓略呈阶梯般向上收窄的模样，楼顶大约61米高的小塔宛如冠冕，是金属天线，这个设计原本是用来当作飞艇的泊位，然而结果只是用来接收电台和电视信号。

249左 帝国大厦最上面待完成的最后几英尺：从下面看，这是为飞艇建造的泊位，即将完工。

249右 克莱斯勒大厦已经"败北"，一名工人仍在为帝国大厦"添砖加瓦"，让它变得更高。

250左 设计并建造帝国大厦之初，是为了纪念充满乐观精神的岁月，然而这种自信很快瓦解——1931年大厦竣工那年，美国步入经济大萧条时期。

250右 在大厦入口大厅迎接访客的是炫目的大厦镀金模型，模型顶端做成灯塔的样子，寓意照亮世界。

250～251 从高空可以尽情欣赏大厦的"椎体"造型。窗户之间的垂直条饰，让大厦显得更加挺拔。

251 日落时分，6 500扇窗子（房间总面积超过200万平方米）全部亮灯，夕阳晚霞映衬下的帝国大厦宏伟壮丽，它是纽约的标志。

　　直到70年代，帝国大厦还是以443米的高度占据世界最高大厦的地位。象征美国传奇的这座大厦拥有近21万平方米的可用建筑面积，总体积约为105万立方米，无论昼夜，这座钢筋铁骨之物都呈现独特的景观，尤其是上面30层，每晚9点到午夜12点，都会被随环境不断变换的彩灯装扮得绚丽夺目，美轮美奂。

　　帝国大厦还是第一个拥有向公众开放的观景台的摩天大厦。

流水别墅
美国 —— 俄亥俄派尔

Fallingwater
U.S.A.
Ohiopyle

撰文 / 古列尔莫·诺韦利

布鲁诺·赛维称流水别墅为"史上最非凡的杰作之一"，这座韵味无穷的住宅是匹兹堡富商埃德加·考夫曼委托弗兰克·劳埃德·赖特设计建造的。

流水别墅建于1934至1937年，坐落在宾夕法尼亚州熊跑溪畔密林深处，溪水从别墅下方奔涌而出形成小瀑，轩妙水喧，山林幽静。

别墅的中心，一堵粗石砌就的厚墙映入眼帘，这石墙是建筑的承重部分，锚定在岩石之上，石墙上悬空伸出几方水泥平台朝向瀑布水流。建筑样式整体上看是平铺的，赖特称这种梯田式的造型宛如"从树干旁逸斜出的树枝"。

迈上一座小桥，穿过房子后边和石墙之间的狭窄通道，眼前就是别墅的入口。进入这小小的入口，是豁然开朗的起居室，室内的石质墙面令人联想起室外的自然环境。起居室的焦点是一个岩石砌的壁炉，这是美式边远生活的典型器物，屋子内的其余部分都围绕着这个壁炉次第展开。这位伟大的美国建筑大师以一种特别的时尚感安排了不同的房间和活动：起居室向南正对瀑布，两侧分别是朝东的入口和朝西的厨房，楼梯和餐厅设在北侧。首层以下还有一个小房间，用作锅炉房和储藏间。上面第二层是卧室和卫生间，从东向西依次变小，二层坐南朝北，恰与首层起居室朝向相悖，起到平衡的作用。

这座雅舍在建造时运用了现代最常见的材料（水泥、铁、玻璃）。建筑师将这些素材巧妙地融合在一起，取得了和谐自然的效果。流水别墅无疑是自然环境与人工建筑相得益彰的最佳范例。建筑适应周边环境特点，几乎达到融为一体的境地。构筑起承重外墙的粗糙琢石也应用到室内，代表了自然淳朴之风；而巨大的玻璃窗让人恍惚间分不清是身处室内，还是徜徉于山水之间。

252和252～253 以宾州丛林为背景，流水别墅强调水平布局和"自然"，其灵感直接来自于日本建筑。

　　崇尚自然的设计远远不止这些，在装饰细节上，建筑与自然共生互惠的状态也被渲染得淋漓尽致。流水别墅这栋房子仿佛被自然"孕育"，生于斯长于斯，就连色彩都是就近取材，"继承"了岩石、土地、树木的色泽，窗棂门框上也都是秋叶的颜色。

　　流水别墅的建筑技术也超越了时代。例如那些悬空跨度近5米的钢筋混凝土平台。但是，这种结构对建筑是一个挑战，因此开始修建时就遇到了麻烦，后来不得不修改重建。在当时，钢筋混凝土结构还不是一项普遍使用的技术。

为免除损毁之虞，流水别墅最近进行了结构修复，永久性地排除了隐患。人们又可以继续参观这座居所博物馆了。

这座建筑杰作倾倒和影响了无数建筑师和艺术爱好者。毫无疑问，它是有机建筑这一概念的最清晰注解，是建筑与自然的一次最伟大的交谈，会被吟唱永远。

254～255和255上 与外部空间一样，流水别墅的内部空间也和自然达到了和谐：开间宽敞，采用自然素材。

255下 弗兰克·劳埃德·赖特于1938年拍摄的照片。

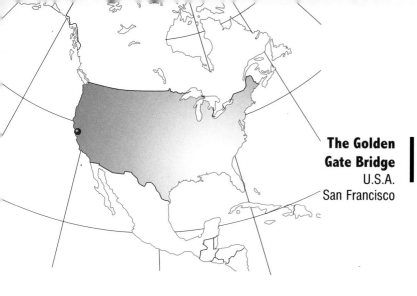

The Golden Gate Bridge U.S.A. San Francisco

金门大桥
美国 —— 圣弗朗西斯科（旧金山）

撰文／玛利亚·劳拉·沃格里

　　"终于,宏大的工程结束了",这是约瑟夫·贝尔曼·斯特劳斯在1937年5月为庆祝金门大桥竣工所写诗篇的首句。约瑟夫·贝尔曼·斯特劳斯也是金门大桥的设计者和建造者,在任务完成时,他写下了这些句子。大桥竣工掀开了历史新篇章,开通两天内,人们蜂拥而至步行通过大桥,车辆也穿梭往来,场面浩大。金门是从太平洋进入旧金山湾入口的一道海峡,这处海峡水宽浪急,风暴肆虐,建造一座跨越金门的大桥,既是一项艰巨的工作,又是令人神往的理想。早在1872年,这种想法就有人提出过。1916年,建桥呼声再起,《旧金山呼声报》的编辑在新闻宣传中提到："建造一座跨越旧金山湾的大桥是完全有可能的,选址也不止一处,但是只有在金门建桥,才能永世流芳。"

　　面对技术难题和资金风险,斯特劳斯的建桥方案终于获得通过。他设计经验丰富,技术过硬,花费了数年时间来构思金门大桥,并就工程本身与建造成本向公众不懈论证项目的可行性。他还负责筹集资金,设法说服旧金山市政府在1928年成立了金门大桥与高速公路管区。在美国大萧条时期,这个地方管理机构在组织大桥建设和资金保障方面发挥了关键作用。凭借1930至1932年发行工程债券筹措到的3 500万美金,1933年1月,在明显不利的地理位置上,金门大桥工程终于破土动工。人们仅仅用了四年时间,就建起了"这座不可能建起的桥梁"。最终,斯特劳斯战胜了实际的利益分歧和武断的怀疑,实现了自己的梦想。人们对

256 20世纪30年代的这两张照片,让我们重温金门大桥建造时"敢为天下先"的气魄。图为模型检测、有缆索和独轮车的施工现场。

两岸距离遥远，海床不稳固，海潮变幻不定，水深流急，旧金山金门大桥的施工建设面临着种种实际困难。

258 支撑桥体的钢铁框架细部和连接桥面的钢缆，保证了大桥的平衡。金门大桥以桥墩塔、魁伟的结构以及代表性的朱红色著称，是世界上最著名的悬吊桥之一。

258～259 两名工人正在把撑杆漆成朱红色。从照片上可以看到旧金山、恶魔岛、马林岬角，这座举世无双的金门大桥不只对汽车开放，自行车和行人也可使用。

悬吊设计的理解一旦成熟，斯特劳斯的最初构想再加上设计师欧文·莫罗和格特鲁德·莫里森的完善，就变成了造型优雅、结构精巧的装饰艺术典范。

金门大桥全长2 737米，两个桥墩之间跨度达1 280米，桥墩距离两端引桥分别是350米。南北耸立的两座钢塔高出水面227米，从塔顶悬吊起两道粗大缆索，缆索两端则锚定于海岸岩石中。每道缆索由92股细索拧成，而每股细索又是用27 572条钢丝绞成的。

整个大桥造型新颖独特，已超越桥梁的实用价值，成为旧金山湾一道动人的风景。太平洋上那道朱红色的优美弧线，是这座城市永恒的标识，当然，也是全世界的奇观。

259 位于旧金山一侧的金门大桥的两座锥形钢塔，高出水面227米。两道钢缆是历史上出产的最粗的钢缆（直径0.9米）；钢缆和桥身之间用成千根细钢绳连接，起到悬吊的作用。

不管经济困难和当时人们的质疑，斯特劳斯想方设法要按照原初设计方案来建造金门大桥。由于旧金山湾多雾，美国海军曾提议将桥漆成黑黄相间的颜色，以便经过的船只更清楚地看到它。

The Willis Tower
U.S.A.
Chicago

威利斯大厦
美国 —— 芝加哥

撰文 / 玛利亚·劳拉·沃格里

　　威利斯大厦原名西尔斯大厦，2009年改为现名。大厦由建筑师布鲁斯·格雷厄姆和结构工程师法兹勒·汗（Fazlur Khan）联合设计，共计110层，高442.3米，是世界最高的建筑物之一。1974年落成时，高度超过了纽约世贸大厦双子塔，成为世界第一高楼，这个纪录一直保持到1997年才被吉隆坡双子塔打破。不过，大厦442.3米的高度并没包括它楼顶的电视天线，如果把这部分考虑在内，世界最高建筑桂冠是否旁落他家依然是可以讨论的。然而，不论是按照最高使用楼层高度标准，还是按照屋顶高度标准来衡量，这座大厦无疑都是芝加哥的最高建筑。

　　大厦由几座不同高度的独立塔楼"捆绑"而成，这种束筒结构体系是一项革命性的建筑结构技术，在其他摩天大楼的设计中，格雷厄姆也采用了这项技术。大厦的主体造型有如9栋高低不一的方形空筒集束在一起，结实的钢梁钢柱纵横交织，形成了"方筒"的墙体。在49层处，这9栋塔楼中的两栋被率先截短，到了64层和90层时又有几栋被截，只保留了两栋直升到顶。这样一来，从不同方向看，大楼呈现出不同的形态，原本冷峻呆板的一座现代建筑因此显得精致生动。

　　采用束筒结构技术不止出于美学考虑，还有功能上的需要：这种结构有理想的抗风性，为这栋摩天大厦禁得起风城的考验提供了保障。由于每个塔楼只有一两个侧面受风，因此比较能承受风压。尽管如此，大风肆虐时，这栋大厦还是会出现轻微振动。大厦在1985年开放了顶部观景台，从这里可以一睹浩渺的密西根湖，远眺伊利诺伊、印第安纳和威斯康星绿意盎然的土地。大厦主要为办公设计，每天有大约25 000人进入这里，约为当初预计的两倍。

262上 威利斯大厦拥有世界上最大数量的私人办公室，分布在100层中。组成大厦的筒样塔楼，横截面都是正方形的，边长约23米，外立面用青铜色玻璃幕墙装饰。

262下 组成威利斯大厦的塔楼，高低参差，直指芝加哥天际。

263左 威利斯大厦宽敞明亮的入口大厅，设有几层空间用来满足客户的不同需要。

263右 大厦的九座塔楼中只有两栋达到最高处。楼顶天线又增添了高度。

263下 设计"为民"的威利斯大厦，拥有近38万平方米的房屋面积和一组高速电梯。

The Louisiana Superdome
U.S.A.
New Orleans

路易斯安那超级圆顶体育馆

美国 —— 新奥尔良

撰文 / 玛利亚·劳拉·沃格里

路易斯安那州立大学环境设计学院院长杰拉尔德·麦克林登（Gerald McLindon）称新奥尔良的超级圆顶体育馆是最具功能性的公共建筑。该馆1971年投入建设，历时四年，于1975年8月正式开放。

超级圆顶体育馆高83米，共计27层，占地面积超过52 000平方米，拥有世界上有史以来最大的钢结构圆顶。

这座建筑最吸引人的特色还在于它的多功能性：除了拥有超级碗（指美国国家橄榄球联盟年度冠军赛）赛场，它还拥有53个会议室、3个宴会大厅和一间电视演播厅。在这里，还可以举办音乐会、艺术演出、商品交易会、团体会议等各类大型活动。许多著名艺术家在这里登台表演。

馆内设施和看台设计新颖，制作精良。不管是举办音乐、会展还是超级碗比赛，看台上的装置都会将看台调整，使之对准相关的场地中心。

264 超级圆顶体育馆是上世纪最有未来主义风格的建筑。建造它仅仅用了四年时间，从1971年8月11日至1975年8月3日。

体育馆的两部超大屏幕（29米×37米），保证了人们无论从体育馆的哪个位置观看演出和比赛，都能获得满意的效果。先进的可伸缩摄像系统可以将无数细节悉数收入镜头。

超级圆顶体育馆通过一个匝道连接起集中了中央商场、

265 体育馆的圆顶为金属框架，直径约210米，从地面到圆顶中心的高度大约83米。是世界迄今建筑的最大钢拱顶。建筑四周是停车场。

264～265 新奥尔良超级圆顶体育馆是世界最负盛名的体育场馆之一。形体宏大而结构紧凑。外观像一只飞碟。1975年8月落成，不但改变了城市天际线，也把新奥尔良塑造成为运动、文化与休闲娱乐中心。

凯悦酒店和普瓦德拉广场办事处的商业区域，又用另外两条匝道连起另一座新奥尔良竞技体育馆（18 500个座位，1999年开放）。这个"巨蛋"孵化出了运动与文化中心，全面提升了新奥尔良的城市形象。

超级圆顶体育馆具有未来主义风格，吸引了大量游客前来参观。自体育馆开放以来，方圆1 000米以内的宾馆报告说他们的订房率提高了180%。

266左 专为超级碗冠军赛设计的超级圆形体育馆，从开放到2002年，已举办了六届超级碗赛事（这是一项纪录）及其他大型比赛。它以功能多样和使用便利著称，除举行比赛，还可以举办音乐会、商品交易会和各类大型表演，馆内还有会议厅和录音棚。

266右和266～267 图为一台带有600多千米电线和光纤的强大电力设备，向体育馆提供所需要的全部电能。内外灯光照明、视频音频屏幕（每个的尺寸均为29米×37米）、可伸缩镜头系统、42部自动扶梯、14部升降电梯以及所有其他可能用到电的公共服务都依靠这套系统运转。

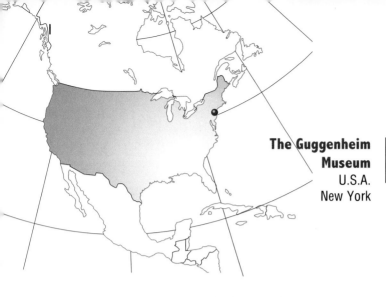

The Guggenheim Museum
U.S.A.
New York

古根海姆博物馆
美国 —— 纽约

撰文 / 古列尔莫·诺韦利

纽约古根海姆博物馆是世界上最重要的现当代艺术博物馆之一，隶属于所罗门·R. 古根海姆基金会，是该基金会旗下遍布全球的其他同类机构（位于西班牙毕尔巴鄂、意大利威尼斯、德国柏林等地）中的翘楚。这座著名的博物馆由弗兰克·劳埃德·赖特设计，于1959年建成，馆内藏品丰富，从法国印象派到现代艺术，所有最重要的国际风格流派的作品都有收藏。建筑本身形同雕塑，打破了现代建筑运动的束缚，最能传达赖特 "有机"建筑的诗意。建筑应是"有机"的，功能和形式要达到辩证和谐（就像从自然中生长出来的一样），正是赖特一贯的主张。

268上 这张图显示的是入口和螺旋通道之间的关系。总体布局是不断变化、难以预料的。

268下 最初，建筑的外观遭到很多批评，有人批评它像漩涡那样上宽下窄的造型，也有人批评它盘旋着的带状长窗，这两点如今都备受推崇。

意大利建筑评论家布鲁诺·赛维对此写道："赖特轻而易举地就把空间转化成了功能，还不是依靠几何拼接，而是一次塑形。这点太重要了。" 古根海姆博物馆位于第5大道1071号和88街拐角处，与纽约到处四四方方的房子迥然不同。纽约居民不禁议论纷纷，说它像蛇，像龙卷风，像婚礼蛋糕，像滑板坡道，像多层停车场……但是最初的疑虑很快被赞誉取代了。建筑的螺旋结构设计在内部形成连续运动的展览空间，首层突出的曲线恰好也是博物馆的入口，邀请游人进来。

　　引桥连接了博物馆的两个组成部分，而桥下的露台又把博物馆的外部和内部贯通起来。 博物馆的外观动感十足，内部同样如此，展览厅就是一个连绵不断的螺旋式长廊，与参观通道融为一体。参观者从第一层中庭起步，像从盆底中央开始，沿通道斜坡逐渐上行，就能享受不间断的空间体验。圆润的螺旋曲线在每层的电梯处会凹进去一块儿，却在通道一侧形成一个凸出的看台，为螺旋通道的一致性增添了间歇。

　　螺旋构成的圆形空间从底部向上逐渐加大，越来越开阔。光线穿过透明的圆顶，照亮中庭和层层展廊。墙壁上的带状长窗也把光线带进各个角落。

　　赖特在建造时力求创造连续运动的空间，而拒绝像传统做法那样被动地划出楼层、隔开空间。

　　他关注参观者和艺术品之间的关系：博物馆中的参观路线，是从最顶层开始向下进行的，参观的人可以一直不停地看下去，也可以在某个展品前面停下来欣赏。

268~269 纽约古根海姆博物馆收藏艺术品，建筑本身也是艺术品，体现了设计师弗兰克·劳埃德·赖特克服传统建筑的"被动性"的尝试，博物馆的形式是功能化的，因而能积极地引领参观者参与其中。

　　参观者可以从不同的位置来欣赏建筑本身：在内部，从不同楼层看到的空间或者扩张或者收缩；在外面，与周围线条笔直的摩天楼迥然不同的这只大海螺般的建筑更是令人侧目。

　　这就是希拉·蕾贝（所罗门·R.古根海姆的艺术顾问）写信给赖特时所希望的："我需要一个战士，一个对空间的爱好者，煽动者，实验者，有智慧的人……我需要一座精神殿堂，一座纪念碑！"

密尔沃基美术馆

美国 —— 密尔沃基

撰文 / 玛利亚·劳拉·沃格里

272 卡拉特拉瓦设计的新馆的模型。透过模型，可以看到斜拉桥由图中心位置所示的桅杆固定，从主结构向左侧延伸。"朗日清风"遮阳板从场馆东区接待处凌空挑起，卡拉特拉瓦的作品常使用移动装置和曲线，灵感多源于自然形态。

272～273 "朗日清风"遮阳板是可以活动的，打开时就像一副巨大的白色飞翼，面向我们的南露台仿佛船头，最醒目的是其左侧牵引支撑斜拉桥的巨型"桅杆"。

273 从不同的角度观看，美术馆夸特希展厅的造型或者像鲸的尾鳍，或者像新潮的舰艇……从西侧看，展览馆入口的设计异常醒目，主体是斜拉桥，连接起博物馆和威斯康星大道。

密尔沃基美术馆是最令人叹为观止的现代建筑之一。它造型奇特，灵动张扬，成为密尔沃基这座城市复兴的象征。

美术馆使用了丰富的建筑材料（玻璃、白色带蓝纹的卡拉拉大理石、枫木、混凝土），由密歇根湖和密尔沃基城衬托着，美不胜收，构成一件绝佳的艺术品。

美术馆目前的样子是不同阶段的建造成果。最早的部分建于战后，起初是为了响应民意而建造的一座战争纪念馆，若干年后，人们又决定在密歇根湖畔建造一座纪念性建筑，用以陈列美术作品。

芬兰裔建筑师埃罗·沙里宁接受了最初的设计任务。密尔沃基美术中心1955年破土动工，两年后建成开放，展出的是密尔沃基美术协会和莱顿艺术画廊的收藏。

20世纪60年代，佩格·布拉德利（Peg Bradeley）将她收藏的600件现代欧美美术作品全部捐赠给中心，并捐款100万美元用于扩建。

新的工程找来三位设计师：戴维·卡勒（David Kahler）、马可·斯莱特（Mac Slater）和菲茨休·斯考特（Fitzhugh Scott）。他们于1975年将老馆扩建为一个综合性建筑群，集中了一个剧院、一个教育中心和布拉德利画廊展区。

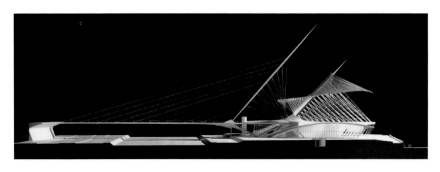

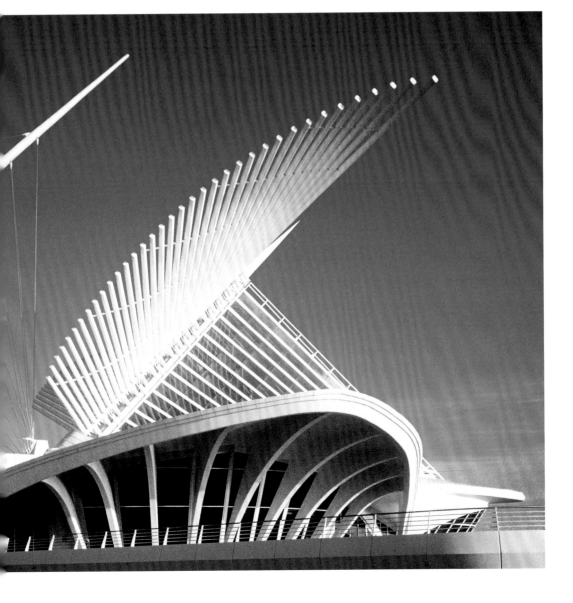

274上 新馆南侧，接待区域依赖超大型窗的自然采光，上面活动的遮阳板则可调整光线的进入量。巨大的遮阳板在开合时毫无声响，令人称奇。

274下 新馆在夜晚灯光下美轮美奂，甚至比白昼更显洁白光亮。

275 新馆内部有一种整齐、对称和简洁的美。

20世纪80年代，博物馆更名为密尔沃基美术馆（MAM），声名鹊起，参观人数达到每年20万人。

随即又是一次扩建。这次扩建任务交给了西班牙人圣地亚哥·卡拉特拉瓦。他设计的夸特希展厅成为这座庞大建筑群的真正亮点，新馆2001年5月落成，通体银白，通透轻灵、简洁壮观。其主体为玻璃幕墙，顶部一副名曰"朗日清风"的遮阳板，造型仿佛翅膀，内部配有机械装置，可以让遮阳板升降开合，当遮阳板降下时，仿佛大鸟收起羽翼，整个博物馆就落在它的阴影里。

圣地亚哥·卡拉特拉瓦还在美术馆夸特希展厅入口处设计了一座斜拉桥，笔直通向密尔沃基的主干道——威斯康星大道。斜拉桥的金属拉索全部绷在高200米、斜插入云的"桅杆"上，整体宛如一只巨臂伸向城市中心，既表明了博物馆面向世界的开放心态，又传达出它与密尔沃基难以割舍的联系。

博物馆内部是一座典型的现代美术中心，拥有会议室、礼堂、餐厅和观景平台，站在平台上，密歇根湖景尽收眼底。外边则有丹·凯利设计的美丽庭院。

美术馆夸特希展厅成功满足了各方需要：在传统意义上拓宽了博物馆空间，在功能上控制了自然光的进入，富含欢迎参观者的象征意味，并且成为这个城市无可取代的符号。

中美洲和南美洲 Central and South America

撰文 / 亚历山大·卡坡蒂菲罗

　　人们很难不被星罗棋布在中美洲土地上庞大而朴素的巨石建筑所吸引。在西班牙侵略者和欧洲探险家到达这里之前，许多本土文明就已经发展了起来。

　　这些引人注目的遗迹构成了"中美洲文化"这一术语的基础。根据中美洲研究专家保罗·基尔霍夫（Paul Kirchoff）的定义，中美洲文化的特征是不断出现的建筑和艺术元素、农业技术、算术和日历历法、书写、折叠（类似手风琴）文稿、社会结构、政治秩序，以及强烈的宗教感。

　　以埃尔南·科尔特斯为首的西班牙征服者们无情占领了中美洲，1521年对墨西哥的征服标志着这一占领过程的完成。当时，整个中美洲区域被按照自然边界划分：南北的边界是河流，东西的边界是大洋。这一片广阔的区域包括如今的墨西哥、危地马拉、萨尔瓦多、尼加拉瓜、哥斯达黎加以及部分的洪都拉斯。众多岛屿和群岛将中美洲的东海岸与大西洋隔开。中美洲的东海岸正对着加勒比海和墨西哥湾，太平洋沿岸则有特万特佩克湾、尼科亚湾、丰塞卡湾。

　　中美洲的典型地形包括高山、沙漠和热带雨林，这就从根本上造成了城邦国的分散和各自独立的状况。各国的地位和关系形成了中美洲文化地区的地域组织和贸易网络的基础。它们暴露在不可预知的强大自然力之下，这一点被认为是该地理性知识和艺术形成的基础。

　　保罗·金德罗普和多丽丝·海登对中美洲艺术的地理决定论做出了如下精妙总结："沿海地区生活较为容易，天气条件有利农业发展，在那里，我们发现了贝拉克鲁斯的微笑雕像，这是外向人物的形象。然而，在严酷的高地区域，甚至连休奇皮里（阿兹特克人的歌舞之神和花神）也不笑。阿兹特克人笑起来简直是苦笑。"

　　中美洲文化形成和第一次发展的时期（称为古代期，公元前7000年~前2000年）以玉米（中美洲饮食的基础）栽培（公元前5000年）和陶器生产（公元前2500年）为标志。接下来的时代可划分为三个时期：前古典时期（公元前2000年~公元前200年），以及分为不同阶段的古典（公元前200年~公元900年）时期。

　　在贝拉克鲁斯的叙述中，前古典时期的奥尔梅克文明从大约公元前1500年发展起来。它被称为"母亲文化"，因为它影响了其他文化在理性、宗教、社会、政治、技术和艺术方面的发展。在此后的1 000年（公元前1200年~公元前200年），中美洲石头建筑的基本模式在中美洲高原地带发展起来。奥尔梅克人在他们的祭祀中心搭起泥土平台，然后使用开采并加工过的石料，以及土坯砖和灰泥，将其建成了砖石结构的基座。这些建筑是金字塔结构的先驱。

　　阶梯、单斜面或是保护斜坡的出现完成了这一发展过程，金字塔建筑在宏伟的"诸神之都"所在地达到顶点。传说中，日落时众神聚集于此，创造出一位新神。原古典时期（也就是基督纪元开始时），纪念性建筑的起源在此萌生，其标志就是太阳金字塔的建造。

　　这导致了阶梯金字塔从早期形式向成熟阶段的演化，在这个过程中，数层水平面组成了不朽的基底，庙宇建于其上，通过一段或数段阶梯可达。在中美洲的许多不同地方，建于古典时期的众多庙宇反映了祭司阶层的存在及其重要性，同时也反映出不断增长的万神殿的数

量，以及艺术表现形式和宗教思想之间的关系。

高大的阶梯金字塔高耸在高原之上、矗立在广大的热带雨林中，同时也蜷伏在低矮的山丘和茂密的植被中，呈现出一种独特而原始的建筑语言。尽管阶梯金字塔和美索不达米亚的古代亚述和巴比伦的金字形神塔、埃及的塞加拉阶梯金字塔在结构上颇为相似，然而它们却功能迥异，尤其是后者——埃及金字塔是为纪念死去的法老所建造的陵寝。

在中美洲的帕伦克，有一种非常独特的神庙金字塔：碑铭金字塔的基部包含了一座坟墓。建筑分析显示：它不是一座普通的金字塔，而是几何图形的叠加，从整体上标记了天上的等级。在宗教信仰中，根据天神居住的不同层级，天空也被划分成不同层级（通常有十三级）。建造这种金字塔可能是想要将塑有众神雕像的寺庙抬高，直达天穹。这些寺庙形状很小，普通人不能进入；它们建在金字塔的顶端，只有掌管教派的祭司才能进入。祭司负责主持宗教仪式，有时仪式会很残忍，祭司站在金字塔的顶端，强调他超乎普通信众的优越感。寺庙建筑的垂直造型和宗教成员的等级制度似乎是在彼此验证，而这种因素被建筑的加陡设计、金字塔建筑石块的逐层递减、阶梯的中置化以及寺庙边缘的装饰模式所强化。这些元素可能发源于蒂卡尔。

在玛雅文明一度繁盛的城市——如今是塔巴斯科、洪都拉斯和萨尔瓦多的所在地，建筑被装饰以雕刻和马赛克图像。新式的艺术手法传入当地——比如拉毛粉饰工艺——这种技术在高原地区最为典型。在普克地区，尤卡坦半岛上的乌斯马尔和奇琴伊察遗址显示出古典时期晚期建筑和装饰的有机融合。

玛雅–托尔特克文化发源于奇琴伊察，是发源于墨西哥高地的托尔特克人入侵城市的结果。在后古典时期，北部的移民造就了新的本土文化，而他们的霸主地位后来被西班牙殖民者推翻。

有资料显示，在西班牙占领时期，西班牙人并没有真正实施他们将自然和城市融合起来的计划。侵略者们后来使用了欧洲标准，即将城市和乡村当作两种截然不同的实体。

400多年以后，在另一个同样遭受殖民剧变的区域，欧洲人关于紧凑城市的想法回潮，并引发了建造巴西政治和文化新首都的想法。在中南美洲的森林里，巴西利亚建在河流交汇之处，整个新都被设计成一只鸟的形状，又像是飞机或是弓箭。巴西利亚的行政和管理区域沿着笔直的中轴线而建，而穿过中心轴线的更长的弯曲环线，则是巨大的矩形"超级街区"居住区的所在。

城市极具创造力的布局源于对可持续发展性的适当考虑：巴西利亚是一个经过深思熟虑建成的"理想城市"。卢西奥·科斯塔制定了城市规划，奥斯卡·尼迈耶设计出别出心裁、原创性十足的大楼，其特色之一就是诸多元素的重复利用。这样的结果引发了广泛的争论。"巴西利亚是卡夫卡式的超现实的大都市，它反映出的是独裁和权威主义。城市计划和建筑设计并没有改变其本意。"意大利建筑评论家布鲁诺·赛维如是说。

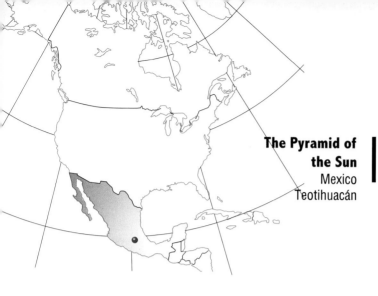

The Pyramid of
the Sun
Mexico
Teotihuacán

太阳金字塔
墨西哥 —— 特奥蒂瓦坎

撰文 / 玛利亚·埃洛伊萨·卡罗扎

特奥蒂瓦坎是中美洲最重要的考古遗址之一。它位于墨西哥城西北的一处山谷中，海拔在2 249米到2 850米之间，是一个群山环绕的火山区。

气候（部分地区为温和气候，部分地区为半湿润气候）、充足的水源以及肥沃的土壤，这些条件使得特奥蒂瓦坎在公元前100年拥有了大批居民。毋庸置疑，作为中美洲的第一个城市，特奥蒂瓦坎在公元150年到公元300年达到巅峰。

特奥蒂瓦坎的城市布局呈几何图形状，这其中很可能有天文学的原因。城市的主轴线"亡者之路"为南北走向，与另一条东西走向的轴线交汇，将城市划分为四个部分。城市的中心就是太阳金字塔，当地最大也是最重要的建筑，也是从城市中心来的朝圣者沿着亡者之路走向月亮金字塔的祭祀路线中的一站。

太阳金字塔有63米高，体积达100万立方米。塔身是一座五层截断平台，塔顶上原本有一个小型庙宇。建筑主立面正对西方，也就是日落的方向。

金字塔极具神圣感，在发现了一个自然洞穴后，金字塔的象征意义开始显现出来。这个洞穴位于金字塔底，古代居民将之凿成四叶草的形状。作为创造和生命诞生的象征，这个洞穴当然是神庙金字塔在宗教上的高度重要性的源头。对于城市中的居民来说，在某种程度上，洞穴就像是部落社会的祖先们发源的母腹，整个城市都是围绕着这个洞穴成长起来的。

在亡者之路上还矗立着其他重要的建筑：可能曾用作皇家宫廷的城堡，有着巨大石阶的五层月亮金字塔，以及羽蛇神神殿、羽毛贝壳神庙和美洲豹神殿。

278左 远方的朝圣者费力地沿着陡峭台阶拾级而上，朝着塔顶的神庙而行。神庙将五层的特奥蒂瓦坎太阳金字塔连成一体。

278右 太阳金字塔的方形基座各边边长有224米。金字塔的总高度（包括塔顶神庙）为72米，是美洲大陆被西班牙统治前最高的建筑。

贵族的民用建筑同样可以在祭祀中心找到。这些建筑大小不同，但是都聚在一起，装饰以图画，并建有走道、廊柱、露天场所以及内置小祠庙。所有的楼房在建筑时都用到了本地建材，比如泥土、石块和木材。石块经过加工，用灰泥粉刷并绘上图案。这些装饰提供了一些很有价值的图像信息，比如回力球游戏、对于死者的崇拜、带有羽毛的蛇（羽蛇神的象征）、装饰以羽毛和贝壳的美洲豹（与特拉洛克神有关）。

该城在公元8世纪晚期灭亡，个中原因众说纷纭，有可能这座城市是毁于一场大火，也有可能这原因是多方面的：北方游牧民族的入侵、可怕的饥荒、统治集团之间的毁灭性内部斗争以及人民反抗统治者的起义。

279 巨大的太阳金字塔位于古特奥蒂瓦坎城的中心。它的设计依据天文原理，并考虑到了与高原环境的和谐性。

通往一号神庙的阶梯很陡峭，且没有护
栏，一号神庙的顶部被雕刻成一个很高
的"鸡冠"。

蒂卡尔一号神庙
危地马拉 —— 蒂卡尔

撰文 / 玛利亚·埃洛伊萨·卡罗扎

Temple I
Guatemala
Tikal

在玛雅的全盛时期，玛雅人分散在至少五十个政治独立、人口众多的国家里，每个王国都有一个首都以及几个较小的从属聚居地。位于佩腾省雨林中心地带的蒂卡尔城是其中最大的之一，拥有数百个建筑群。组成北阿科罗普利的大多数建筑群都建在大广场附近。这个广场是国王建造墓葬神庙的地方，这里的建筑群称为"失落的世界"，是最早的玛雅天文中心。城中的民用建筑集中于中阿科罗普利斯，这些建筑既供居住也有祭祀功用。纪念碑式建筑——蒂卡尔建筑的顶峰——出现在古典时期，大约在公元700~800年。这些伟大的金字塔形神庙具有强大的视觉冲击力和政治重要性，它们被按照惯例以数字1到7编号。一号神庙，或称大美洲豹神庙，被认为是遗址的心脏，它是阿赫卡王的陵墓。阿赫卡王于公元682~734年在位，他死后，他的儿子雅克金王按照父亲的指示建造了这座纪念碑。9层45米高的金字塔矗立在一片广袤大地上，多层平台是为了加强塔身的高度。金字塔顶端的神庙有着灰泥檐口的冠顶。一号神殿的平面图看起来并不规则，有三个用坚固的木质框橡搭建的入口。这是国王被埋葬的地方，同时被埋葬的还有一些陪葬的器物。

蒂卡尔建筑对于神圣意义的指涉非常强烈，这表现在与众神创造的四周景观之间相连锁的象征性张力以及对通往超自然世界旅程的刻画。建造这些地方是为了祭祀仪式，是对魔幻力量的一种巩固，决定这种魔力的是星星的运行轨迹。尽管如此，诸神并不能将蒂卡尔从政治巨变和文化衰落中拯救出来，蒂卡尔的光辉灿烂最终湮没于荒野之中。

281上 作为当地建筑的早期案例，一号神庙（或称大美洲豹神庙）沿着大广场的东侧而建。

281中 金字塔有9层——"9"是玛雅文化中一个神奇的数字。陡峭的斜面棱角分明，并被装饰以嵌线和凹槽。

281下 一号神庙的顶端矗立于茂密的森林之上，对面是二号神庙。玛雅人是奇妙城市的建造者，他们在蒂卡尔建造的神庙比周围的丛林高出一截

The Pyramid of the Inscriptions
Mexico Palenque

碑铭金字塔
墨西哥 —— 帕伦克

撰文 / 弗拉米尼亚·巴托利尼

　　帕伦克位于墨西哥国恰帕斯州的中心，是最大也是最重要的玛雅遗址。根据象形文字，该城在古典时期晚期（公元600～900年）达到顶峰，当时拉卡姆哈城（意为"大水"，帕伦克是现代的名字）是包克国繁盛一时的首都。该城的发掘工作自18世纪后期开始进行，通过发掘工作，我们知道：如今看到的城市遗迹主要出自巴加尔二世（公元615～683年）及其子强·巴鲁姆二世（公元684～702年）统治时期。这些建筑物矗立在植被茂密的自然区域，其设计带有明显的政治和意识形态意图——通过建筑立面的巨大石块工程或者建筑内部的灰泥浮雕或石刻雕像为统治者增添荣耀。

　　主建筑中的象形文字列出了这座城市的统治者，显示出他们对于自己的王朝合法性的渴望，并希望用文字记载的形式强化其统治的有效性。建筑造型和谐，风格优雅，并有丰富的铭文装饰——这些装饰以明亮的红色、蓝色、土黄色和绿色强调出来，是这个朝代建筑独特而骄傲的实例。碑铭神庙的柱子和墙面都被象形文字覆盖，包括著名的朝代列表。这座建筑是巴加尔二世的墓葬神庙，在他还在世时就已经开始建造了，并由他的儿子强·巴鲁姆二世完成。

　　神庙建在一座阶梯状金字塔顶部的一个基座上，其基部有24米高。金字塔共8层，每层面积逐层递减，南面设有阶梯。神庙正面，由石柱排列而形成的5个入口均由灰泥装饰，入口通向第一个大房间；第二个房间被划分为三部分。一道阶梯向下延伸，穿过神庙的地面后分为两段。台阶通向地下墓室，墓室的墙壁上装饰着9个灰泥人物浮雕（玛雅人的祖先，也有可能是玛雅神话中的夜神）。巴加尔大帝的石棺侧面有浅浮雕，棺盖是一整块巨大平板，材质厚重，雕刻精美。这块巨大的石板体现着一个最重要也是研究最深入的玛雅信仰：在国王临死之时，一系列人物围绕在他周围，象征着死亡和重生的永恒循环；死亡被表现为神性正要落入黑暗阴间的一瞬。宇宙的十字形树从王的腹部生长出来。

　　对金字塔基座中点下面的墓室石棺的发现，清楚地证明了这座建筑是为安葬国王的石棺而造，同时也将他呈现为一个个体的人。

282 地下墓室里藏有巴加尔二世的石棺（下图）。棺盖是一块厚重石板，刻有精美浮雕。要到达石棺所在，必须向下走23米长的台阶，进到金字塔内部。

283上 碑铭金字塔坐落于绿野之中，塔下面是巴加尔大帝的墓穴。在金字塔顶上，神庙被冠以装饰独特的顶饰。

283下 在这张帕伦克城的照片中，王宫位于中心，建在一个大平台之上。俯视王宫的四层塔被认为兼具防御和天文观测的作用。

The Pyramid of the Magician
Mexico
Uxmal

巫师金字塔
墨西哥 —— 乌斯马尔

撰文 / 弗拉米尼亚·巴托利尼

乌斯马尔位于尤卡坦半岛的北部，可能是普克山脉一带最重要的玛雅人聚居地，普克山脉一带位于今墨西哥尤卡坦州和坎佩切州境内。这个区域常见低矮的山丘，高度和长度都不及三四十米，并且由于当地优良的气候状况，非常适宜居住。普克地区的城市以建筑和艺术作品的质量而闻名；其建筑技术先进，几何构型独特，常常与建筑物表面的精美雕刻完美地组合起来。在高高的雕带上，主题和图像（常常带有象征和宗教价值）或者连续地反复出现，或者成组出现。这些壮观而又精致的石材建筑遗迹建于乌斯马尔规模最大、最强盛的时代（古典时期，公元3世纪至10世纪）。

乌斯马尔分散着众多人力建造的平台和四边形建筑，比如四方修女院、用大型石砖建成的住房如总督府、比例协调的建筑如海龟之家，以及底座被抬起的神庙如巫师金字塔。因为乌斯马尔有着极为重要的经济和政治地位，也有道路将其与附近小些的城市连接起来。道路东起总督府以东，途经切图利克斯和诺帕特，直到卡巴，根据传说，卡巴是老祖母的住所，传说中侏儒建造巫师金字塔正是为了她。神庙椭圆的平面（85米×50米）矗立在之前建筑的遗迹上，共有五层平台。金字塔的结构由面积不等的平台叠加而成，总共有35米高。两段陡峭的阶梯直达两座不同平台上的神庙。东边的阶梯通向第一层平台上的四号神庙，神庙立面形状好似"龙嘴"。在离台阶有一定距离的平台上，阶梯被衬以一排雨神恰克的大面具。东边的阶梯通往上面的五号神庙，即巫师神庙。神庙表面装饰以一系列小圆柱以及一条雕带，内部以典型的普克风格雕刻有风格化的玛雅小屋。

285左 入口被设计成怪物面具的样子，是改良过的切尼斯建筑元素，这种建筑元素是在坎佩切北部发展起来的。这个主题体现了乌斯马尔与中美洲其他地区的文化交流。

285右上 金字塔是五座神庙在几百年间叠加的结果。

285右中 修道院位于巫师金字塔前方，属于普克建筑。它由四座建筑组成，各矗立在罗盘的四个点上，环绕一座宫廷而建，宫廷的入口在拐角处。

285下 乌斯马尔位于普克山脉的尤卡坦高原，是玛雅-普克建筑的完美范例。

El Castillo
Mexico
Chichén Itzá

卡斯蒂略

墨西哥 —— 奇琴伊察

撰文 / 玛利亚·埃洛伊萨·卡罗扎

当西班牙征服者出现在墨西哥低地的丛林中，他们看到了奇琴伊察这座北尤卡坦最光彩照人的城市的遗址。这名字的前半部分"奇琴"意思是"井边"，这里的"井"指的是当地的洞状陷坑，或称自然井，水从深处的地下水面涌流出来，玛雅人将之视作进入阴间世界的入口。这井变得神圣，成了朝圣的地方，祭祀活动在这里举行，比如人祭，就是将人连同珍贵而简约的物品一同扔进井里作为献祭。这名字的后半部分"伊察"指的是曾经出现在这片区域的一个来源神秘、组成复杂的少数民族，这个民族可能出现于公元435年。与普克（来自南方"红山"的居民）亚文化接触过的一种惊人繁盛的文化在公元750~900年间出现，但是在13世纪，他们的城市却出乎意料地落于对手玛雅潘之手。遗址中有一片中心区域，以及一个网状的小中心，由铺好的路（公路）连接。优雅的修女院建筑群装饰丰富，花样繁多，塔楼（瞭望台）周围的旋梯、金字塔（墓葬神庙）以及居住用的辅楼皆按玛雅–普克风格建造，而其他建筑群则有着完全不同的风格。它们是托尔特克人的作品，这些新居民在10世纪抵达此地，他们接受了玛雅文化并使之在形式上有了新发展。这就创生出玛雅–托尔特克建筑，建筑的中心不是广场，而是广大的露天空间。玛雅–托尔特克建筑以浮雕装饰，其底座往往是阶梯金字塔式的，建在一片广大的平坦空地上，四周用围墙圈起。卡斯蒂略（羽蛇神的神庙）位于托尔特克区的中心，也许是最有趣的新式纪念碑。它是一座九级（向上每级面积递减）神庙金字塔，底座为方形，各边长55米。神庙大约有24米高，每一个立面都建有阶梯连接不同的层级。此建筑具有明显的宇宙哲学意义：建筑的斜面朝向磁北的东面，与当地的传统一致；九个层级代表着九层阴间世界，365级台阶与一年的天数一致。北台阶的石栏杆上刻有响尾蛇的形状，蛇舌似乎伸向广场方向，正吐着信子。塔顶有两个走道，内殿绘有玛雅式浅浮雕的线条，前厅有三个侧厅，以石柱、假拱顶和玛雅–普克风格的四雨神面具分隔开来，石柱被雕刻成蛇的代表。神庙后面的艺术厅有三个门，分别朝向东方、西方和南方。蛇的装饰遍布整个建筑群的横梁和石柱，这是因为蛇在托尔特克象形文字中是特别的元素。卡斯蒂斯东北是千柱群和勇士神庙。和羽蛇神神庙一样，他们也具有托尔特克人的传统装饰风格。金字塔顶部是查克·穆，一个神秘生物的半倾斜雕像。

286上 后部的走廊位于卡斯蒂略金字塔顶上神殿的内殿。走廊由石柱支撑，石柱由浅浮雕装饰。

286下 卡斯蒂略金字塔上的神庙拥有两个走廊，前厅朝向北方，三个入口被石柱分隔开来。

287左 卡斯蒂略神庙中的石像查克·穆（图前方）以及红色的美洲豹（图后方），两者均被认为是托尔特克风格。

287右上 四个陡峭的阶梯与支撑卡斯蒂略的基座呈直角角度。

287右中和下 卡斯蒂略金字塔居于一片开阔大地的中央，这一中心位置使之愈加庄严。建筑设计包含诸多因素，似乎是由托尔特克文化衍生出来的，比如神庙顶部代替了玛雅式冠顶的建筑装饰，使用倾斜表面以加固城墙。

The Palace of Congress
Brazil
Brasília

国会大厦
巴西 —— 巴西利亚

撰文 / 古列尔莫·诺韦利
玛利亚·劳拉·沃格里

1957年，巴西决定将部分人口和经济活动从沿海地区迁往内陆。首都新址选在中部戈亚斯州境内的巴西高原上，几千名工人从国家东北部来到这里，以建设新首都。城市的建造必须反映国家的政治和经济计划，但也必须融入现代建筑的创新特色。

建筑师奥斯卡·尼迈耶是"新首都计划"（一个专门研究巴西新首都建筑计划的组织）的代表，也是城市发展计划竞赛评审委员会的成员之一。同时，他被任命设计新首都的头两座建筑：总督府邸以及供来访官员居住的酒店。

城市布局的规划者是卢西奥·科斯塔。科斯塔主要采用了两个技术手段：一是采用现代高速公路，一是加入众多花园和公园。

巴西利亚的建设按两条轴线进行，第一条轴线略有弯曲，两条轴线相交形成一个十字，类似动物造型（总规划图是鸟的形状）。这个新的巨大城市景观是雕塑般建筑的庄严背景（例如光滑如鸟骨的大理石元素），并充满了语义学涵义。

纪念碑轴线——所有的政府大楼均处于这个轴线之上——与城市的居住区轴线相交。政府部门广场位于纪念碑轴线的末端，广场可经一条宽阔的主干道通达，并建有16座平行六面体的建筑。

289左 在双塔底部，国会大厦两个圆顶中的其中一个，参议院圆顶，建在大厦的覆层基座之上。

289右 三权广场上直冲云霄的国会大厦的塔楼（图上远端）以及旨在纪念巴西利亚城市建设者的纪念碑。

288~289 尼迈耶风格的主题是对比。一系列弯曲、波浪形、倾斜的平面与明显的方形表面产生了强烈的对比。

290～291 一个凹形的半圆组成了相应的"圆顶"，尼迈耶曾想将它安在众议院上。

尼迈耶的两件代表作位于广场的侧面：外交部大楼，倒映在一个大水池中；司法部大楼，其小型的艺术喷泉代表着巴西境内为数众多的自然瀑布。在纪念碑轴线的尾端，你会进入三权广场，广场极具象征和政治意义。广场的名字指的是宪法赋予的三种权力分立：行政权，体现为左侧的"总统府"；司法权，体现为右侧的高级法院；立法权，体现为著名的双子塔国会大厦。大厦底部还有一座低矮的建筑，上面有两个半圆形的屋顶，一个反面朝上，象征着众议院，一个正面朝上，象征着参议院。

作为一座城市，巴西利亚集中了诸多质量优良的建筑和设计，这一点可以在它充满现代艺术气息的顶级建筑和纪念碑上看到。其中两座由尼迈耶设计，一座是混凝土和玻璃建造的大教堂，教堂造型光彩辉煌，整体呈现皇冠的形状；另一座是方形的鲍思高纪念堂，纪念堂的墙壁嵌有蓝色和青色玻璃。

为了向成千上万的城市建设者致敬，布鲁诺·乔奥尼被任命来建设勇士纪念碑；另一件卓越非凡的作品同样由尼迈耶设计，是一个形状奇特、好像大衣架的鸽房。

居住区有着巨大的社区，可以将城市结构松散地组织起来。这种"精简化"同样体现在建筑物外立面的设计上。简约是巴西利亚随处可见的关键词，因此这个巨型城市很容易管理，也容易理解。

大洋洲 Oceania

撰文 / 亚历山大·卡坡蒂菲罗
翻译 / 龚莺

"海平面逐渐上升，没过了最高的桉树，地球只剩下了一片浩瀚的蓝色，露出水面的只有一些山峰，最后连那些最高峰都消失不见了。此时的世界是汪洋一片，神灵们（男人和女人的精魂）再也找不到合适的居住之地，许多神灵被淹死，其余的则被气旋送到天上，化作星辰。从此，地上的神灵就变成了天上的神灵。"

包括史前文明在内，大洋洲的本土文化经历了4万年之久的复杂演变，在此期间，人口增加，文化与语言发生分异，定居点逐步建立，社会制度形成。1万多年前的更新世晚期，由于海平面下降，此前一直在海平面以下的萨胡尔大陆架将澳大利亚大陆和塔斯马尼亚岛、新几内亚岛连接起来。当时，依靠狩猎和采集生活的人已占据了美拉尼西亚西部。此后，萨胡尔大陆架又沉到了海平面以下。大洋洲的土著人通过口述的方式，将对于远古遗事的记忆代代相传，并创造出了各种形式的寓言和传说。这些故事都指向一个神话般的时代，"时间尚未开始"，梦幻时代中的神奇生灵在不同阶段出现。土著人认为这些神奇的生灵来自天上、地下和未知之处，是"第一个男人和第一个女人"的创造者。根据记述，早期的人被安置在某些地区，这些地区是专为他们和他们的后代而保留的，并受到特定神灵的保护。因此，每个土著人和其出生地之间都有不可割断的纽带，他能辨认出那块土地上各种不同的元素，这些元素都是祖先神灵的化身，并保留着祖先的精神。

土著人仍然追随着"歌之版图"，再谱新章——"古代先民游荡在广阔的土地上，边走边唱：他们歌唱山川河流，他们歌唱河滩沙丘。他们去打猎、喂食、做爱、舞蹈、杀戮：在走过的道路上，他们留下了连续不断的一串音乐"。

曾有上千个土著部落居住在澳大利亚的大路上。16世纪初，荷兰探险队第一次在这块大陆逗留时，这些土著人已经发展出了惊人的适应环境的能力，以及一种独有的和野生动物亲密共处的原始关系。麦哲伦取道西印度群岛，穿过将大西洋和南太平洋分开的波涛汹涌的海峡，来到太平洋。在穿过被他命名为太平洋的这片海域时，麦哲伦到达了被他称为"小偷之岛"的马里亚纳群岛。他的一位传记作家曾这样说："太平洋的辽阔令人类的头脑难以把握。"其他几次远征则详细描述了南太平洋的美丽和自然资源的丰富，在新发现的一望无际的大洋上不懈地乘风破浪，探索它未知的边界。

在茫茫的水域上孤零零地航行，人们很难找准自己的方位，却强烈地刺激了幻想和幻象的产生。它们只是几条带状的狭长陆地；许多岛屿出乎意料地突然出现，或者完全相反，尽管它们在地图上清晰地标了出来，结果却只是稍微地露出水面一点，或者它们只不过是大海里的虚无缥缈的景象，是存在人们脑海中的幻象罢了。这就是18世纪人们对于南太平洋上的"漂移群岛"的地理学认识。

一旦这些太平洋中的岛屿（尤其是波利尼西亚的一些岛）脱离了想象的范围，它们就成了科学研究的对象，开始了被殖民和接受基督教布道的历史时期。一旦启蒙"高贵的野蛮人"的幻想被丢弃，在19世纪，西方就以残暴的方式开始了对那里的占领，土著人的社会传统被新定居的白人的利益完全颠覆。

澳大利亚孤寂荒凉，在太平洋的其他地方能见到的人间天堂，此地却难以发现。在库克

到达以前，没人进入这块不宜居住的地方探险。1770年，库克发现了澳大利亚东海岸，他宣布了对它的所有权，因为它是无主之地，但他却同时说当地人很希望他留下。19世纪中期，数万名英国囚犯被流放到澳大利亚大陆，殖民可能从那时就开始了。

艺术家和文学家笔下的南太平洋拥有光彩夺目的魅力，但是"最微小的东西和美梦消散之后，就会走向其反面——一场噩梦。天堂变成地狱，平静之地变成可怕的深渊"。梅尔维尔·蒂尼说变化好像会不期而至，"仿佛童话故事中的神秘花园"。

如果历史之路可以重来，我们的先人是否会回去懒洋洋地晒太阳；令人尊敬的库克船长是否会沿着新荷兰海岸在大堡礁海域航行，那里能够看到悉尼歌剧院那白色混凝土建成的船帆，先行者们是否会赞美这个如今矗立着一座好似切开的新鲜水果的建筑的地方美如天堂；伟大的探险者们是否会尊重这块土地的原有风貌，遵守其诺言，在未经土著人同意的情况下，不占领这个地方。

今天，悉尼港的地标——悉尼皇家歌剧院很自然地统领着悉尼港的风景，有些人将其归于远古歌谣的魔法力量，有些人将其归于征服者的强权力量。但在它层叠的外壳里，空空荡荡处又透着一股原始的味道。

由于澳大利亚土著部落的建筑本质上是地面景观的再创造和对所属领地的确认，所以现代以前的建筑，甚至是殖民地时期以前的建筑都没有保留下来。这里要再提起形态与神话之间的关系：自然之形也是对动物先祖的想象和再造，譬如现实中弯曲的河道就反映巨蟒蜿蜒爬行。关于这块土地的地形学知识和它的象征意义，深深地扎根于部族成员的心里，因此他们可以通过"定期地发现道路、水井和娱乐的地方"，避免互相侵犯界限，引发部族纠纷。

新喀里多尼亚的村庄有一种典型的"大棚屋"，它的屋顶呈高高的圆锥形，顶部稍作装饰，其平面呈圆形，房屋中间有一根柱子。这座大棚屋是整个村庄的最重要的建筑，象征着酋长的权力，也象征着建造它的部落的团结一致。"大棚屋"是"人的房子"，从今天的角度理解看就是一种"公共建筑"。大茅屋的门口对着村中的空地，那是部落的集体活动场所，用以庆祝节日、表演歌舞等。各家的房子则分布在大茅屋的两侧，"于大棚屋类似的曲面结构，由木架结构和木制边饰构成：颇有古风的屋顶……"，与卡纳卡人的村庄相似，它们与努美阿东边海角上茂盛的植物浑然一体。在房屋的设计中普遍采用传统材料和技术，但风险就存在于这种跟传统建筑的相似和差异当中，也存在于改良后的坚固和易朽的自然材料的使用中。

让我们回到现在。人们曾狂热地梦想着传奇的、田园牧歌式且激情四射的新世界所代表的知识和财富，几个世纪过去了，如今它会这样诉说自己的故事。"在这个句子结束的时候，雨会开始落下。在雨的边界，一面帆……一个目光忧郁的男子拾起雨水，从中牵出《奥德赛》的第一行诗句。"

The Opera House
Austrilia
Sydney

悉尼歌剧院

澳大利亚 —— 悉尼

撰文 / 古列尔莫·诺韦利
翻译 / 龚莺

294左 从空中俯瞰歌剧院，可清楚地发现这个奇特造型与周围大海之间的相似之处。

294右 歌剧院的贝壳形拱顶，呈阶梯状相互叠加，最高处约为55米。

295左 小演出厅内的正厅前排席建在建筑的主层，许多包厢环绕周围，前面就是舞台。

295右 在阳光的照耀下，外墙的白色瓷砖美轮美奂。

294～295 四十多年来，悉尼歌剧院给参观者带来了无穷的想象和灵感，已经成为悉尼的标志。歌剧院座落之处原是一大片绿地，绿地中间是当年的澳大利亚总督府。

　　1957年，丹麦设计师约恩·乌松在新的悉尼歌剧院的设计比赛中胜出。绝佳的选址，自由奔放的造型，使得每一个进入其中的人展开想象的翅膀。歌剧院的设计出自年轻有为的设计师之手，呈现出极其简洁而富有诗意的画面，从第一眼看到，人们就被它有如一只远航舰队般的美妙外形吸引。

　　工程于1959年动工，但是，1966年，乌松却因遭遇诸多管理问题而被迫退出。直到1973年，项目才在另外一些设计师手中完成。建设这座壮观建筑的理念非常简单，就是要摆脱现代主义建筑的束缚。

　　悉尼歌剧院叠放的贝壳状屋顶来自一个简单的几何图形分解：虚拟的直径为75米的球。乌松的建筑设计灵感和结构基本都出自自然形态和结构（如翻卷的波浪、海鸥的喙、鲨鱼的背鳍，等等）。

296～297 歌剧院的贝壳形拱顶向东伸向太平洋，而海港大桥长长的弧形似乎在向这些优雅的贝壳致敬。从这个角度能看到贝壳外部瓷砖的铺贴设计——从每片贝壳的底部开始呈发射状伸展开去。

　　覆盖两个主要演出厅和餐厅的屋顶可分成三个基本部分：分别体现不同的功能的主壳片、侧壳片和通风壳片。每组壳片都围绕它覆盖的厅堂的中心轴线分成对称的两部分，使用一系列由特殊混凝土制成的如打开扇子般的肋拱支撑，构筑在一个基座上。

　　屋顶横截面呈现为不同高度的尖拱，最大的高约55米。这样几组重叠屋顶一层层张开，平衡之中又有对比。

　　悉尼歌剧院的设计使加强混凝土的应用有了新的可能，整整一代设计师在这点上反复实验，终于令其成为当代建筑中的一个创举。

　　由于歌剧院的屋顶与其遮挡的空间是独立的，所以内部和外部空间就可以各自分开塑造，整个建筑就变成了一个雕塑，可以从任何角度来欣赏。

　　这是乌松的杰作，需要想象力、理想和对表现形式的执着追求。

　　装饰性是这座建筑固有的特征，基本构成要素的设计就是整体的装饰物。人们看不到任何多余和死板的结构，整个建筑就是一个单纯的框架，简洁、空灵、坦白。乌松曾说："试想一座哥特式教堂吧，这就是我想实现的东西。阳光、白云之下，它将栩栩如生，永不令人厌倦。"

　　不幸的是，最后建成时，这座新颖而备受追捧的建筑只有一部分保留了最初的设计方案。就是叠覆的"船帆"外壳和地台，而这地台甚至没有按照原先设想的那样贴砖装饰外层。

　　现有的窗户、剧场和内部饰面等都不是乌松的设想。但是若依照他的计划和边设计边修改的习惯，要重建这部分达到完美几乎不可能。尽管如此，悉尼歌剧院仍然当之无愧是悉尼的象征，令这座城市闻名遐迩。

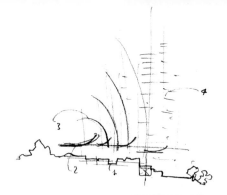

吉巴欧文化中心
新喀里多尼亚（法）—— 努美阿

撰文／古列尔莫·诺韦利
翻译／龚莺

The Tjibaou Cultural Center
New Caledonia
Noumea

由于远离大陆，法属殖民地新喀里多尼亚保留着更多的传统氛围和传统之美，以及十分罕见的生物多样性。为了纪念岛上最早的居民——卡纳卡人（Kanaka，在传教士到来之前就居住在此），法国政府斥资建造了一座文化中心，以1989年被枪杀的卡纳卡民族运动领导人的姓氏来命名。

这组建筑优雅地伫立着，周围是白色与粉色相间的长长海滩、碧绿晶莹的礁湖，以及高高的松树。其设计者为法国的伦佐·皮亚诺，设计灵感来源于新喀里多尼亚的传统棚屋建筑。

文化中心座落于距首府努美阿13千米的一个自然公园内的海角上，由10个19米到28米高的"棚屋"单体组成，相互间由一条廊道连接。这些棚屋或用于举办当地人的特殊活动，或用于展示他们的代表性艺术。整组建筑占地8 000多平方米，收藏了当地的文化遗产，包括传说、故事、当代本土文学、陶器和装饰物。部分建筑用作临时展览或者永久展览的场地，其余的用作办公室、图书馆和礼堂。其中，最后一座棚屋用于表演传统音乐和舞蹈，虽然在每个棚屋里和廊道边都能听到音乐。

298上 皮亚诺的草图画出了他的基本想法，水平线和垂直线互相交叉，勾勒出了"棚屋"的外观。

298中、下 与周围自然环境共生共存的巧夺天工之作——主体为木结构的吉巴欧文化中心。中心主要展示新喀里多尼亚的传统手工艺品。

298下 从海上遥望伦佐·皮亚诺设计的展馆。它被新喀里多尼亚的茂盛草木围绕，与岛上传统棚屋建筑之间的渊源显而易见。

299 夜晚，灯光将文化中心变成一个魔幻世界，灯光、建筑融为一体。棚屋朝海的一面较高，用于阻挡海上吹来的信风。

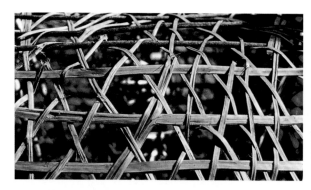

棚屋采用钢材、木材和玻璃等建筑材料做"外壳",体现了当地棚屋明亮轻盈和易损的特点;同时采用了与新喀里多尼亚棚屋一样的传统村落布局。棚屋都朝东,既利于采光,也能使建筑免遭信风袭击。

棚屋的外墙为双层木肋板,层与层之间由钢材连接,中间填充的是绿柄桑树皮,起到遮阳的作用。吉巴欧文化中心是传统圆锥形棚屋的现代科技版,在茂盛的草木间耸立着;它改变了当地的天际线,但没有改变自然界的平衡。每座棚屋的设计灵感都来自于它们身后的独特背景。

皮亚诺敬畏谦恭的设计造就了一个文化中心,它很好地完成了一个光荣的使命——保护和传播当地的美丽。

吉巴欧文化中心的背景是壮阔的太平洋和新喀里多尼亚（法属殖民地）首府努美阿的热带田园风光。展馆的高度为从19米到28米不等，布局与卡纳卡人传统村庄的风俗一致。卡纳卡人属马来人种，人数曾经在这个岛上占优。

索引 INDEX

摄影师名录
PHOTOGRAPHIC CREDITS

1 左 Cameraphoto

1 中 Antonio Attini/Archivio White Star

3 Antonio Attini/Archivio White Star

4~5 Giulio Veggi/Archivio White Star

6~7 Marcello Bertinetti/Archivio White Star

8~9 Sandro Vannini/Corbis/Contrasto

10~11 Firefly Productions/Corbis/Contrasto

13 右 Ben Wood/Corbis/Contrasto

13 左 Antonio Attini/Archivio White Star

15 左 Antonio Attini/Archivio White Star

15 右 Marcello Bertinetti/Archivio White Star

17 左 Livio Bourbon/Archivio White Star

17 中 Giulio Veggi/Archivio White Star

17 右 Marcello Bertinetti/Archivio White Star

18 上 Richard T. Nowitz/Corbis/Contrasto

18 中 Roger Ressmeyer/Corbis/Contrasto

18 下 Kevin Schafer/Corbis/Contrasto

19 Jason Hawkes

20 Alfio Garozzo/Archivio White Star

21 上 Angelo Colombo/Archivio White Star

22 上 Marcello Bertinetti/Archivio White Star

22 下 Archivio Scala

23 左下 The British Museum

23 左中 The British Museum

23 左下、右下 Angelo Colombo/Archivio White Star

23 右中 The Bridgeman Art Library/Alinari

24 左 Giulio Veggi/Archivio White Star

24 右 Marcello Bertinetti/Archivio White Star

25 Bill Ross/Corbis/Contrasto

26 Marcello Bertinetti/Archivio White Star

26~27 Marcello Bertinetti/Archivio White Star

27 右 Giulio Veggi/Archivio White Star

27 左 Peter Connolly/AKG Images

28 Angelo Colombo/Archivio White Star

28~29 Giulio Veggi/Archivio White Star

30 左 center Marcello Bertinetti/Archivio White Star

30 中 Marcello Bertinetti/Archivio White Star

30 右下 Marcello Bertinetti/Archivio White Star

31 Yann Arthus~Bertrand/Corbis/Contrasto

31 Cameraphoto

32 右 Cameraphoto

32 左 Cameraphoto

33 右 Cameraphoto

32~33 Cameraphoto

33 左 Cameraphoto

34 右 Cameraphoto

34 左 Cameraphoto

35 Cameraphoto

34~35 Cameraphoto

36 Giulio Veggi/Archivio White Star

37 右 Antonio Attini/Archivio White Star

37 左 Archivio Alinari

38 Peter Turnley/Corbis/Contrasto

39 Marcello Bertinetti/Archivio White Star

40 左上 Alamy Images

38~39 Agence ANA

40 右上 Alamy Images

40 右下 AKG Images

40 左中 AISA

40 左下 AKG Images

41 上下 AISA

41 下 Marcello Bertinetti/Archivio White Star

42 左 AISA

42 右 Dean Conger/Corbis/Contrasto

43 左上 Agence ANA

43 右上 Diego Lezama Orezzoli/Corbis/Contrasto

43 下 Archivio Iconografico, S.A./Corbis/Contrasto

44~45 AISA

46 Dean Conger/Corbis/Contrasto

46~47 Sandro Vannini/Corbis/Contrasto

47 右 Dean Conger/Corbis/Contrasto

47 左 Giraud Philippe Corbis Contrasto

47 中 Sandro Vannini/Corbis/Contrasto

48 左下 AISA

48 中 Adam Woolfitt/Corbis/Contrasto

48 上 Elio Ciol/Corbis/Contrasto

48 右下 Angelo Hornak/Corbis/Contrasto

49 Dean Conger/Corbis/Contrasto

50 左 Sandro Vannini/Corbis/Contrasto

50 中 The Bridgeman Art Library/Archivio Alinari

50 右 Archivio Scala

51 Marc Garanger/Corbis/Contrasto

50~51 Sandro Vannini/Corbis/Contrasto

52 Christian Heeb/Hemisphere

53 上 AKG Images

53 左中 Dean Conger/Corbis/Contrasto

53 右 Dean Conger/Corbis/Contrasto

53 左下 Dean Conger/Corbis/Contrasto

54 Giulio Veggi/Archivio White Star

55 右 Giulio Veggi/Archivio White Star

55 左 Giulio Veggi/Archivio White Star

55 中 Giulio Veggi/Archivio White Star

56 左 Archivio Alinari

56 中 Antonio Attini/Archivio White Star

56 右 Archivio Alinari

56~57 Macduff Everton/Corbis/Contrasto

57 Antonio Attini/Archivio White Star

58 Adam Woolfitt/Corbis/Contrasto

59 左 Antonio Attini/Archivio White Star

59 右 Antonio Attini/Archivio White Star

58~59 Antonio Attini/Archivio White Star

60 左上 Antonio Attini/Archivio White Star

60 右上 Patrick Ward/Corbis/Contrasto

60 左下 Alamy Images

60 右下 Antonio Attini/Archivio White Star

61 右下 Antonio Attini/Archivio White Star

61 上 Alamy Images

61 左下 Michael Busselle/Corbis/Contrasto

62 左上 Antonio Attini/Archivio White Star

62 右上 Ric Ergenb右/Corbis/Contrasto

62~63 Antonio Attini/Archivio White Star

63 Antonio Attini/Archivio White Star

64 Giulio Veggi/Archivio White Star

65 右 Archivio Scala

65 左 Michael S. Yamashita/Corbis/Contrasto

66 左上 Archivio Scala

66 右上 Archivio Scala

66~67 Archivio Alinari

67 左 Sergio Pitamitz/Corbis/Contrasto

67 右 Giulio Veggi/Archivio White Star

68 Marcello Bertinetti/Archivio White Star

68~69 Archivio Alinari

69 左 Angelo Colombo/Archivio White Star

69 右 AISA

70~71 Marcello Bertinetti/Archivio White Star

72 左 Marcello Bertinetti/Archivio White Star

72 中 Marcello Bertinetti/Archivio White Star

72~73 David Lees/Corbis/Contrasto

72 右 AISA

73 Vittoriano Rastelli/Corbis/Contrasto

74 左 AISA

74 右 Centro Internazionale di Studi di Architettura Andrea Palladio

74~75 Sandro Vannini/Corbis/Contrasto

75 Giovanni Dagli Orti

76~77 Alamy Images

77 AISA

78~79 Diego Lezama Orezzoli/Corbis/Contrasto

79 上 AISA

79 下 Diana Bertinetti/Archivio White Star

80 Robert Polidori/RMN

80~81 Alamy Images

81 左 Sandro Vannini/Corbis/Contrasto

81 右 Sandro Vannini/Corbis/Contrasto

82 左上 Bill Ross/Corbis/Contrasto

82 右上 Sandro Vannini/Corbis/Contrasto

82 左下 Dave G. Houser/Corbis/Contrasto

82 右下 Yann Arthus~Bertrand/Corbis/Contrasto

83 上 AISA

83 左中 AISA

83 右中 The Bridgeman Art Library/Archivio Alinari

83 左下 Sandro Vannini/Corbis/Contrasto

83 右下 Archivio Scala

84 左 Erich Lessing/Contrasto

84 右 AISA

84~85 AISA

85 下 Philippe Renault/Hemisphere

85 上 Erich Lessing/Contrasto

86 Francesco Zanchi

86~87 Dave G. Houser/Corbis/Contrasto

87 右 Diego Lezama Orezzoli/Corbis/Contrasto

87 左 Giulio Veggi/Archivio White Star

88 Giulio Veggi/Archivio White Star

89 左上 Alamy Images

89 右上 Steve Raymer/Corbis/Contrasto

89 下 Dave Bartruff/Corbis/Contrasto

90~91 Francesco Venturi/Corbis/Contrasto

90 左 Giulio Veggi/Archivio White Star

90 右 Giulio Veggi/Archivio White Star

91 上 Francesco Zanchi

91 下 Dave G. Houser/Corbis/Contrasto

92 左 Angelo Colombo/Archivio White Star

92 右 Alamy Images

92~93 Sandro Vannini/Corbis/Contrasto

93 左 Vittoriano Rastelli/Corbis/Contrasto

93 右 Vittoriano Rastelli/Corbis/Contrasto

94 左 Vittoriano Rastelli/Corbis/Contrasto

94 右 Sandro Vannini/Corbis/Contrasto

95 Sandro Vannini/Corbis/Contrasto

94~95 Vittoriano Rastelli/Corbis/Contrasto

96 左 Gregor Schmid/Corbis/Contrasto

96 右 Yann Arthus~Bertrand/Corbis/Contrasto

97 Archivio Iconografico, S.A./Corbis/Contrasto

98 上 Ray Juno/Corbis/Contrasto

98 下 James Sparshatt/Corbis/Contrasto

99 右下 James Sparshatt/Corbis/Contrasto

99 左上 Patrick Ward/Corbis/Contrasto

99 右上 James Sparshatt/Corbis/Contrasto

99 左下 Patrick Ward/Corbis/Contrasto

100 右上 Marcello Bertinetti/Archivio White Star

100 下 Yann Arthus~Bertrand/Corbis/Contrasto

100 左上 Owen Franken/Corbis/Contrasto

102 Bettmann/Corbis/Contrasto

103 下 Todd A. Gipstein/Corbis/Contrasto

103 上 Sebastien Ortola/Rea/Contrasto

104 下 Patrick Ward/Corbis/Contrasto

105 左上 Mary Evans Picture Library

105 右上 Marcello Bertinetti/Archivio White Star

104~105 Alamy Images

106 右上 Marcello Bertinetti/Archivio White Star

106 左 Charlotte Hindle/Lonely Planet Images

106 中 Marcello Bertinetti/Archivio White Star

106~107 Alamy Images

107 Marcello Bertinetti/Archivio White Star

109 右上 Bauhaus Archive Dessau

109 下中 Bauhaus Archive Dessau

109 左下 Bauhaus Archive Dessau

109 中 Bauhaus Archive Dessau

109 上 Bauhaus Archive Dessau

111 Gianni Berengo Gardin by kind permission of the Renzo Piano Building Workshop

110~111 Gianni Berengo Gardin by kind permission of the Renzo Piano Building Workshop

112 上 by kind permission of the Renzo Piano Building Workshop

112 左 Yann Arthus~Bertrand/Corbis/Contrasto

112 右 Gianni Berengo Gardin by kind permission of the Renzo Piano Building Workshop

113 Michel Denancé by kind permission of the Renzo Piano Building Workshop

114 左 Marcello Bertinetti/Archivio White Star

114 右 Marcello Bertinetti/Archivio White Star

114~115 Livio Bourbon/Archivio White Star

115 Livio Bourbon/Archivio White Star

116 左 Scott Gilchrist/Arcivision

116 右 Livio Bourbon/Archivio White Star

117下 Scott Gilchrist/Arcivision

117 左 Owen Franken/Corbis/Contrasto

117 右 Cuchi White/Corbis/Contrasto

118~119 Robert Holmes/Corbis/Contrasto

120 左 Dennis Stock/Magnum Photos/Contrasto

120 右 Wolfgang Kaehler/Corbis/Contrasto

120~121 Yann Arthus~Bertrand/Corbis/Contrasto

121 中 Pavlovsky Jacques/Corbis Sygma/Contrasto

121 左 Stuart Franklin/Magnum Photos/Contrasto

121 右 Pavlovsky Jacques/Corbis Sygma/Contrasto

122 右 Rene Burri/Magnum Photos/Contrasto

122 左 Rene Burri/Magnum Photos/Contrasto

123 上 Dennis Stock/Magnum Photos/Contrasto

123 下 Pavlovsky Jacques/Corbis Sygma/Contrasto

122~123 Tibor Bognar/Corbis/Contrasto

126~127 Yann Arthus~Bertrand/Corbis/Contrasto

126 左 Hoehn/laif/Contrasto

126 右 Reimer Wulf/AKG Images

127 左 Adenis/GAFF/laif/Contrasto

127 右 Adenis/GAFF/laif/Contrasto

128 Boening/Zenit/laif/Contrasto

129 Hahn/laif/Contrasto

129 右中 Brecelj Bojan/Corbis Sygma/Contrasto

129 左下 David P eevers/Lonely Planet Images

129 右下 Bojan Brecelj /Corbis/

Contrasto

130 左 by kind permission of the Santiago Calatrava S.A.

130 右 Angelo Colombo/Archivio White Star

130~131 by kind permission of the Santiago Calatrava S.A.

131 上 by kind permission of the Santiago Calatrava S.A.

132 上 by kind permission of the Santiago Calatrava S.A.

132 左下 by kind permission of the Santiago Calatrava S.A.

132 右中 by kind permission of the Santiago Calatrava S.A.

132 右下 by kind permission of the Santiago Calatrava S.A.

132~133 Juergen Stumpe

133 左 by kind permission of the Santiago Calatrava S.A.

133 右 by kind permission of the Santiago Calatrava S.A.

134 左 by kind permission of the Santiago Calatrava S.A.

134 右 by kind permission of the Santiago Calatrava S.A.

134~135 by kind permission of the Santiago Calatrava S.A.

135 右上 by kind permission of the Santiago Calatrava S.A.

135 上 center by kind permission of the Santiago Calatrava S.A.

135 左下 by kind permission of the Santiago Calatrava S.A.

136 上 Langrock/Zenit/laif/Contrasto

136 下 Langrock/Zenit/laif/Contrasto

137 右上 Boening/Zenit/laif/Contrasto

137 右下 Adenis/GAFF/laif/Contrasto

137 左上 Dieter E. Hoppe/AKG Images

136~137 Reimer Wulf/AKG Images

138 左 Gianni Berengo Gardin by kind permission of the Renzo Piano Building Workshop

138 右 Gianni Berengo Gardin by kind permission of the Renzo Piano Building Workshop

139 上 Publifoto by kind permission of the Renzo Piano Building Workshop

139 中 Moreno Maggi by kind

172 左 Angelo Colombo/Archivio White Star

173 Yann Arthus~Bertrand/Corbis/Contrasto

174上 Adam Woolfitt/Corbis/Contrasto

174 左 Paul H. Kuiper/Corbis/Contrasto

174 右 Massimo Borchi/Archivio White Star

175 左 David Samuel Robbins/Corbis/Contrasto

175 右 Massimo Borchi/Archivio White Star

176 Marcello Bertinetti/Archivio White Star

177 Marcello Bertinetti/Archivio White Star

178 左 Marcello Bertinetti/Archivio White Star

178 右 Marcello Bertinetti/Archivio White Star

178~179 Marcello Bertinetti/Archivio White Star

179 Marcello Bertinetti/Archivio White Star

180 Marcello Bertinetti/Archivio White Star

180~181 Wolfgang Kaehler/Corbis/Contrasto

181 左 Angelo Tondini/Focus Team

181 右 Alamy Images

182 Marcello Bertinetti/Archivio White Star

183 右 Marcello Bertinetti/Archivio White Star

183 左上 center Marcello Bertinetti/Archivio White Star

183 左下 Marcello Bertinetti/Archivio White Star

184 左 Liu Liqun/Corbis/Contrasto

184 右 Panorama Stock

184~185 Panorama Stock

185 Dean Conger/Corbis/Contrasto

186 上 Marcello Bertinetti/Archivio White Star

186 下 Marcello Bertinetti/Archivio White Star

187 左 Marcello Bertinetti/Archivio White Star

187 右 Marcello Bertinetti/Archivio White Star

186~187 Marcello Bertinetti/Archivio White Star

188 上 Lee White/Corbis/Contrasto

188下 Ric Ergenb右/Corbis/Contrasto

188 左中 Marcello Bertinetti/Archivio White Star

188 右中 Marcello Bertinetti/Archivio White Star

189 右 Pierre Colombel/Corbis/Contrasto

189 左上 Michael S. Yamashita/Corbis/Contrasto

189 右中 Dean Conger/Corbis/Contrasto

189 下 Pierre Colombel/Corbis/Contrasto

189 左中 John T. Young/Corbis/Contrasto

190 上 Alamy Images

190 中 AISA

190 下左 Alamy Images

191 David Samuel Robbins/Corbis/Contrasto

192 Francesco Venturi/Corbis/Contrasto

193 右上 AISA

193 右下 Alamy Images

193 右 David Samuel Robbins/Corbis/Contrasto

194~195 Jeremy Horner/Corbis/Contrasto

196~197 Brian A. Vikander/Corbis/Contrasto

197 右 Marcello Bertinetti/Archivio White Star

197 左 Marcello Bertinetti/Archivio White Star

198 Marcello Bertinetti/Archivio White Star

199 右上 Marcello Bertinetti/Archivio White Star

199 下 Marcello Bertinetti/Archivio White Star

199 左上 Marcello Bertinetti/Archivio White Star

200 左 center Marcello Bertinetti/Archivio White Star

200 中 Angelo Colombo/Archivio White Star

200 右 AISA

200~201 AISA

201 Michael S. Yamashita/Corbis/Contrasto

203 下 Roger Wood/Corbis/Contrasto

203 右上 AISA

203 右上 Corbis/Contrasto

203 上中 Charles et Josette Lenars/Corbis/Contrasto

204 左 Roger Wood/Corbis/Contrasto

204 右 Arthur Thévenart/Corbis/Contrasto

204~205 Arthur Thévenart/Corbis/Contrasto

205 上 Arthur Thévenart/Corbis/Contrasto

205 中 Corbis/Contrasto

206 Yann Arthus~Bertrand/Corbis/Contrasto

206~207 Galen Rowell/Corbis/Contrasto

207 左下 Corbis/Contrasto

207 右下 Corbis/Contrasto

207 右 Massimo Borchi/Archivio White Star

207 左 Massimo Borchi/Archivio White Star

208 左上 Elio Ciol/Corbis/Contrasto

208 下 Massimo Borchi/Archivio White Star

208 右中 Massimo Borchi/Archivio White Star

208 右上 Massimo Borchi/Archivio White Star

209 Robert Holmes/Corbis/Contrasto

210 上 Massimo Borchi/Archivio White Star

210 下 Massimo Borchi/Archivio White Star

210~211 Massimo Borchi/Archivio White Star

211 左 Massimo Borchi/Archivio White Star

211 右 Massimo Borchi/Archivio White Star

212 左 Marcello Bertinetti/Archivio White Star

212 右 Livio Bourbon/Archivio White Star

212~213 John Everingham/Art Asia Press

213 Corbis/Contrasto

214 左上 Alamy Images

214 右 Livio Bourbon/Archivio White Star

214 左下 Alamy Images

214 下中 Tiziana e Gianni Baldizzone/Corbis/Contrasto

215 左下 Marcello Bertinetti/Archivio White Star

215 右上 Robert Holmes/Corbis/Contrasto

215 右下 Livio Bourbon/Archivio White Star

215 上 AISA

216 Alamy Images

217 下 Ian Lambot

217 上 Ian Lambot

218 Dennis Gilbert /VIEW

218~219 Yoshio Hata by kind permission of the Renzo Piano Building Workshop

220 左上 Dennis Gilbert by kind permission of the Renzo Piano Building Workshop

220 右上 by kind permission of the Renzo Piano Building Workshop

220 右中 Noriaki Okabe by kind permission of the Renzo Piano Building Workshop

220 下 Boening/Zenit/laif/Contrasto

221 左上 Gianni Berengo Gardin by kind permission of the Renzo Piano Building Workshop

221 右下 Boening/Zenit/laif/Contrasto

221 右上 Michael S. Yamashita/Corbis/Contrasto

221 左下 Harry Gruyaert/Magnum Photos/Contrasto

222 Alamy Images

233 by kind permission of the Cesar Pelli & Associates

224 右上 Sergio Pitamiz/Corbis/Contrasto

224 左上 Macduff Everton/Corbis/Contrasto

224 右下 Alamy Images

224 左中 Alamy Images

224 左下 by kind permission of the Cesar Pelli & Associates

225 Alamy Images

226 Michael Freeman/Corbis/Contrasto

227 Panorama Stock

228~229 Macduff Evrton/Corbis/Contrasto

229 上 center Panorama Stock

229 下 by kind permission of the Skidmore, Owings & Marrill LLP

230 左 R. Moghrabi~STF/AFP/De Bellis

231 左 Massimo Listri/Corbis/Contrasto

231 右 Simon Warren/Corbis/Contrasto

230~231 per gentile concessione del Jumeirah International

230 右 Pierre Bessard/REA/Contrasto

232 Simon Warren/Corbis/Contrasto

233 下 Pierre Bessard/REA/Contrasto

233 上下 Pierre Bessard/REA/Contrasto

235 左 Antonio Attini/Archivio White Star

235 中 Marcello Bertinetti/Archivio White Star

235 右 by kind permission of the Santiago Calatrava S.A.

236 左上 Michael Freeman/Corbis/Contrasto

236 左下 Catherine Karnow/Corbis/Contrasto

236~237 Joseph Sohm; Chromoshom Inc./Corbis/Contrasto

237 Michael Freeman/Corbis/Contrasto

238 上 Michael Freeman/Corbis/Contrasto

238 下 Antonio Attini/Archivio White Star

239 Massimo Borchi/Archivio White Star

240 Antonio Attini/Archivio White Star

241 右 destra Bettmann/Corbis/Contrasto

241 左 Antonio Attini/Archivio White Star

242 下 Dallas and John Heaton/Corbis/Contrasto

242 上 Setboun Michel/Corbis/Contrasto

243 上 Statue of Liberty National Monument & Ellis Island

243 中 Statue of Liberty National Monument & Ellis Island

243 下 Statue of Liberty National Monument & Ellis Island

244 Esbin Anderson/Agefotostock/Contrasto

245 上 AP Press

245 下 Corbis/Contrasto

246 右上 Nathan Benn/Corbis/Contrasto

246 左下 Etienne De Malglaive/Gamma/Contrasto

246 右下 Richard Berenholtz/Corbis/Contrasto

247 Joseph Sohm/Corbis/Contrasto

248 Joseph Sohm; Chromoshom Inc./Corbis/Contrasto

249 右 AKG~Images

249 左 下 Bettman/Corbis/Contrasto

250 左 Alamy Images

250 右 Alamy Images

250~251 Alan Schein Photography/Corbis/Contrasto

251 Lester Lefkowitz/Corbis/Contrasto

252 左 Thomas A. Heinz/Corbis/Contrasto

252 右 Farrell Grehan/Corbis/Contrasto

252~253 Richard A. Cook/Corbis/Contrasto

254~255 下 Farrell Grehan/Corbis/Contrasto

255 下 Corbis/Contrasto

255 上 Thomas A. Heinz/Corbis/Contrasto

256 左 San Francisco Historical Center/San Francisco Public Library

256 右 San Francisco Historical Center/San Francisco Public Library

257 Antonio Attini/Archivio White Star

258 左 Roberto Sancin Gerometta/Lonely Planet Images

258 右 Greg Gawlawski/Lonely Planet Images

258~259 Roger Ressmeyer/Corbis/Contrasto

259 Morton Beebe/Corbis/Contrasto

260~261 Galen Rowell/Corbis/Contrasto

262 上 Joseph Sohm; Chromoshom Inc./Corbis/Contrasto

262 上 Antonio Attini/Archivio White Star

263 左上 T. Hursley, by kind permission of the Skidmore, Owings & Marrill LLP

263 右上 Antonio Attini/Archivio White Star

263 下 destra Antonio Attini/Archivio White Star

264 左 Troy Gomez Photography

264 右 Troy Gomez Photography

264~265 Troy Gomez Photography

265 Troy Gomez Photography

266 左 Troy Gomez Photography

266 右 Troy Gomez Photography

266~267 Troy Gomez Photography

268 上 Micael S. Yamashita/Corbis/Contrasto

268 下 Antonio Attini/Archivio White Star

268~269 Jon Hicks/Corbis/Contrasto

270 Antonio Attini/Archivio White Star

271 Catherine Karnow/Corbis/Contrasto

272 by kind permission of the Santiago Calatrava S.A.

272~273 by kind permission of the Santiago Calatrava S.A.

273 左 by kind permission of the Santiago Calatrava S.A.

273 右 by kind permission of the Santiago Calatrava S.A.

274 上 by kind permission of the Santiago Calatrava S.A.

274 下 by kind permission of the

Santiago Calatrava S.A.

275 上 by kind permission of the Santiago Calatrava S.A.

275 右下 by kind permission of the Santiago Calatrava S.A.

275 左下 by kind permission of the Santiago Calatrava S.A.

277 左 Massimo Borchi/Archivio White Star

277 中 Massimo Borchi/Archivio White Star

277 右 Julia Waterlow; Eye Ubiquitous/Corbis/Contrasto

278 左 Antonio Attini/Archivio White Star

278 右 Richard. Cook/Corbis/Contrasto

279 Yann Arthus~Bertrand/Corbis/Contrasto

280 Massimo Borchi/Archivio White Star

281 上 Massimo Borchi/Archivio White Star

281 下 Massimo Borchi/Archivio White Star

281 中 Massimo Borchi/Archivio White Star

282 下 Massimo Borchi/Archivio White Star

282 上 Massimo Borchi/Archivio White Star

285 右上 Massimo Borchi/Archivio White Star

283 上 Massimo Borchi/Archivio White Star

283 下 Massimo Borchi/Archivio White Star

285 右中 Alamy Images

285 下 Massimo Borchi/Archivio White Star

285 左上 Massimo Borchi/Archivio White Star

286 下 Massimo Borchi/Archivio White Star

286 上 Massimo Borchi/Archivio White Star

287 左上 Massimo Borchi/Archivio White Star

287 右上 Yann Arthus~Bertrand/Corbis/Contrasto

287 下 Massimo Borchi/Archivio

White Star

287 右中 Yann Arthus~Bertrand/Corbis/Contrasto

288~289 Yann Arthus~Bertrand/Corbis/Contrasto

289 右 Doug Scott/Marka

289 左 Alamy Images

290~291 Alamy Images

293 左 John Gollings by kind permission of the Renzo Piano Building Workshop

293 右 Giulio Veggi/Archivio White Star

294 左 Kit Kittle/Corbis/Contrasto

294 右 Giulio Veggi/Archivio White Star

294~295 James Marshall/Corbis/Contrasto

295 左 Tony Arruza/Corbis/Contrasto

295 右 Giulio Veggi/Archivio White Star

296~297 Catherine Karnow/Corbis/Contrasto

297 上 State Library of New South Wales

297 中 State Library of New South Wales

297 下 State Library of New South Wales (Don McPhedran)

298 上 by kind permission of the Renzo Piano Building Workshop

298 中 John Gollings by kind permission of the Renzo Piano Building Workshop

298 下 Giraud Philippe/Corbis Sygma/Contrasto

299 John Gollings by kind permission of the Renzo Piano Building Workshop

300 左 by kind permission of the Renzo Piano Building Workshop

300 右 William Vassal by kind permission of the Renzo Piano Building Workshop

300~301 John Gollings by kind permission of the Renzo Piano Building Workshop

301 Michel Denancé by kind permission of the Renzo Piano Building Workshop

302~303 John Golling

编辑后记

《文明奇迹》一书的翻译工作，是由几位译者合力完成的。每位译者承担的内容如下："欧洲"及"非洲"，由徐文晓翻译；"北美洲"及"亚洲"的"波斯波利斯"至"泰国大王宫"部分，由程伟民翻译；"亚洲"的"香港中银大厦"至"阿拉伯塔酒店"部分及"中美洲和南美洲"由徐嘉翻译；"大洋洲"由龚莺翻译。本书的"前言"和"索引"由程伟民翻译。全书最后由王晨进行了校译。

在此，我们向每一位对本书的出版付出过辛勤劳动的人员表示诚挚的谢意。

编辑　谨识

中国国家地理·图书

CHINESE NATIONAL GEOGRAPHY

台湾 　　斯里兰卡 　　相约多瑙河 　　水下天堂

欧 洲 　　亚 洲 　　非 洲 　　北美洲

南极洲 　　全球急需保护的200个地方 　　大自然的艺术 　　国家公园